全国餐饮职业教育教学指导委员会重点课题“基于烹饪专业人才培养目标的中高职课程体系与教材开发研究”成果系列教材

餐饮职业教育创新技能型人才培养新形态一体化系列教材

总主编 ◎杨铭铎

西餐制作

主 编 胡建国 高敬严 倪 华

副主编 高海薇 孟令涵 董平平 李凯迪

参 编 杨莹汕 葛 瑞 吴 强 马 成
王廷臣 苏维汉 史京帅 钟 政
刘 强 陈柔豪 林浩庭 田广乾
杨月通 陈 为

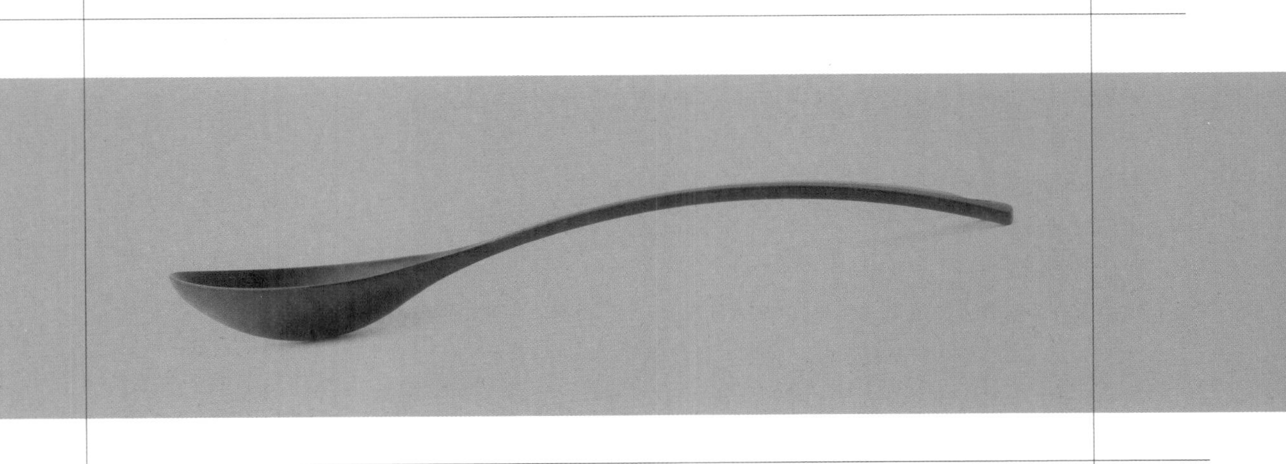

华中科技大学出版社
http://www.hustp.com
中国·武汉

内容简介

本教材为全国餐饮职业教育教学指导委员会重点课题“基于烹饪专业人才培养目标的中高职课程体系与教材开发研究”成果系列教材和餐饮职业教育创新技能型人才培养新形态一体化系列教材。

本教材以七个项目、二十三个任务为基本结构，按照西餐烹饪所需要的高汤与汤、酱汁与调味汁、蔬菜、禽类、肉类（牛肉、羊肉、猪肉）、鱼类与贝类海鲜以及豆类、谷类及意大利面的分类，传授西餐制作所必需的基本技能及操作方法。

本教材可作为职业院校烹饪专业西餐教学用书，也可作为餐饮行业西餐从业人员培训和西餐爱好者的参考用书。

图书在版编目(CIP)数据

西餐制作/胡建国，高敬严，倪华主编. —武汉：华中科技大学出版社，2021.8（2024.1 重印）
ISBN 978-7-5680-7385-1

Ⅰ. ①西… Ⅱ. ①胡… ②高… ③倪… Ⅲ. ①西式菜肴-烹饪-职业教育-教材 Ⅳ. ①TS972.118

中国版本图书馆 CIP 数据核字(2021)第 150925 号

西餐制作
Xican Zhizuo　　胡建国　高敬严　倪　华　主编

策划编辑：汪飒婷
责任编辑：汪飒婷
封面设计：廖亚萍
责任校对：李　弋
责任监印：周治超
出版发行：华中科技大学出版社（中国·武汉）　电话：(027)81321913
武汉市东湖新技术开发区华工科技园　邮编：430223
录　排：华中科技大学惠友文印中心
印　刷：武汉科源印刷设计有限公司
开　本：889mm×1194mm　1/16
印　张：8
字　数：173 千字
版　次：2024 年 1 月第 1 版第 2 次印刷
定　价：39.80 元

全国餐饮职业教育教学指导委员会重点课题
“基于烹饪专业人才培养目标的中高职课程体系与教材开发研究”成果系列教材
餐饮职业教育创新技能型人才培养新形态一体化系列教材

从书编审委员会

委员（按姓氏笔画排序）

网络增值服务

使用说明

欢迎使用华中科技大学出版社医学资源网

教师使用流程

（1）登录网址：http://yixue.hustp.com（注册时请选择教师用户）

注册 → 登录 → 完善个人信息 → 等待审核

（2）审核通过后，您可以在网站使用以下功能：

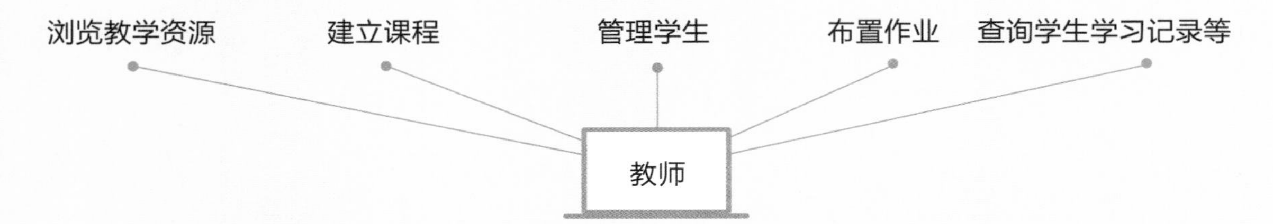

学员使用流程

（建议学员在PC端完成注册、登录、完善个人信息的操作。）

（1）PC 端学员操作步骤

①登录网址：http://yixue.hustp.com（注册时请选择普通用户）

注册 → 登录 → 完善个人信息

②查看课程资源：（如有学习码，请在“个人中心—学习码验证”中先通过验证，再进行操作）

（2）手机端扫码操作步骤

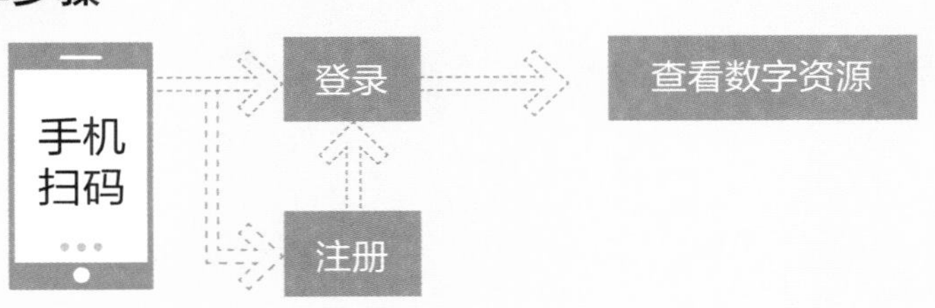

开展餐饮教学研究　加快餐饮人才培养

餐饮业是第三产业重要组成部分，改革开放40多年来，随着人们生活水平的提高，作为传统服务性行业，餐饮业对刺激消费需求、推动经济增长发挥了重要作用，在扩大内需、繁荣市场、吸纳就业和提高人民生活质量等方面都做出了积极贡献。就经济贡献而言，2018年，全国餐饮收入42716亿元，首次超过4万亿元，同比增长9.5%，餐饮市场增幅高于社会消费品零售总额增幅0.5个百分点；全国餐饮收入占社会消费品零售总额的比重持续上升，由上年的10.8%增至11.2%；对社会消费品零售总额增长贡献率为20.9%，比上年大幅上涨9.6个百分点；强劲拉动社会消费品零售总额增长了1.9个百分点。全面建成小康社会的号角已经吹响，作为满足人民基本需求的饮食行业，餐饮业的发展好坏，不仅关系到能否在扩内需、促消费、稳增长、惠民生方面发挥市场主体的重要作用，而且关系到能否满足人民对美好生活的向往、实现小康社会的目标。

一个产业的发展，离不开人才支撑。科教兴国、人才强国是我国发展的关键战略。餐饮业的发展同样需要科教兴业、人才强业。经过60多年特别是改革开放40多年来的大发展，目前烹饪教育在办学层次上形成了中职、高职、本科、硕士、博士五个办学层次；在办学类型上形成了烹饪职业技术教育、烹饪职业技术师范教育、烹饪学科教育三个办学类型；在学校设置上形成了中等职业学校、高等职业学校、高等师范院校、普通高等学校的办学格局。

我从全聚德董事长的岗位到担任中国烹饪协会会长、全国餐饮职业教育教学指导委员会主任委员后，更加关注烹饪教育。在到烹饪院校考察时发现，中职、高职、本科师范专业都开设了烹饪技术课，然而在烹饪教育内容上没有明显区别，层次界限模糊，中职、高职、本科烹饪课程设置重复，拉不开档次。各层次烹饪院校人才培养目标到底有哪些区别？在一次全国餐饮职业教育教学指导委员会和中国烹饪协会餐饮教育委员会的会议上，我向在我国从事餐饮烹饪教育时间很久的资深烹饪教育专家杨铭铎教授提出了这一问题。为此，杨铭铎教授研究之后写出了《不同层次烹饪专业培养目标分析》《我国现代烹饪教育体系的构建》，这两篇论文回答了我的问题。这两篇论文分别刊登在《美食研究》和《中国职业技术教育》上，并收录在中国烹饪协会发布的《中国餐饮产业发展报告》之中。我欣喜地看到，杨铭铎教授从烹饪专业属性、学科建设、课程结构、中高职衔接、课程体系、课程开发、校企合作、教师队伍建设等方面进行研究并提出了建设性意见，对烹饪教育发展具有重要指导意义。

杨铭铎教授不仅在理论上探讨烹饪教育问题，而且在实践上积极探索。2018年在全国餐饮职业教育教学指导委员会立项重点课题“基于烹饪专业人才培养目标的中高职课程体系与教材开发研究”(CYHZWZD201810)。该课题以培养目标为切入点,明晰烹饪专业人才培养规格;以职业技能为结合点,确保烹饪人才与社会职业有效对接;以课程体系为关键点,通过课程结构与课程标准精准实现培养目标;以教材开发为落脚点,开发教学过程与生产过程对接的、中高职衔接的两套烹饪专业课程系列教材。这一课题的创新点在于:研究与编写相结合,中职与高职相同步,学生用教材与教师用参考书相联系,资深餐饮专家领衔任总主编与全国排名前列的大学出版社相协作,编写出的中职、高职系列烹饪专业教材,解决了烹饪专业文化基础课程与职业技能课程脱节,专业理论课程设置重复,烹饪技能课交叉,职业技能倒挂,教材内容拉不开层次等问题,是国务院《国家职业教育改革实施方案》提出的完善教育教学相关标准中的持续更新并推进专业教学标准、课程标准建设和在职业院校落地实施这一要求在烹饪职业教育专业的具体举措。基于此,我代表中国烹饪协会、全国餐饮职业教育教学指导委员会向全国烹饪院校和餐饮行业推荐这两套烹饪专业教材。

习近平总书记在党的十九大报告中将“两个一百年”奋斗目标调整表述为:到建党一百年时,全面建成小康社会;到新中国成立一百年时,全面建成社会主义现代化强国。经济社会的发展,必然带来餐饮业的繁荣,迫切需要培养更多更优的餐饮烹饪人才,要求餐饮烹饪教育工作者提出更接地气的教研和科研成果。杨铭铎教授的研究成果,为中国烹饪技术教育研究开了个好头。让我们餐饮烹饪教育工作者与餐饮企业家携起手来,为培养千千万万优秀的烹饪人才、推动餐饮业又好又快地发展,为把我国建成富强、民主、文明、和谐、美丽的社会主义现代化强国增添力量。

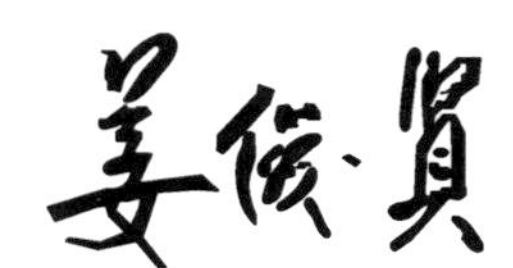

全国餐饮职业教育教学指导委员会主任委员

中国烹饪协会会长

《国家中长期教育改革和发展规划纲要(2010—2020年)》及《国务院办公厅关于深化产教融合的若干意见(国办发〔2017〕95号)》等文件指出:职业教育到2020年要形成适应经济发展方式的转变和产业结构调整的要求,体现终身教育理念,中等和高等职业教育协调发展的现代教育体系,满足经济社会对高素质劳动者和技能型人才的需要。2019年2月,国务院印发的《国家职业教育改革实施方案》中更是明确提出了提高中等职业教育发展水平、推进高等职业教育高质量发展的要求及完善高层次应用型人才培养体系的要求;为了适应"互联网+职业教育"发展需求,运用现代信息技术改进教学方式方法,对教学教材的信息化建设,应配套开发信息化资源。

随着社会经济的迅速发展和国际化交流的逐渐深入,烹饪行业面临新的挑战和机遇,这就对新时代烹饪职业教育提出了新的要求。为了促进教育链、人才链与产业链、创新链有机衔接,加强技术技能积累,以增强学生核心素养、技术技能水平和可持续发展能力为重点,对接最新行业、职业标准和岗位规范,优化专业课程结构,适应信息技术发展和产业升级情况,更新教学内容,在基于全国餐饮职业教育教学指导委员会2018年度重点课题"基于烹饪专业人才培养目标的中高职课程体系与教材开发研究"(CYHZWZD201810)的基础上,华中科技大学出版社在全国餐饮职业教育教学指导委员会副主任委员杨铭铎教授的指导下,在认真、广泛调研和专家推荐的基础上,组织了全国90余所烹饪专业院校及单位,遴选了近300位经验丰富的教师和优秀行业、企业人才,共同编写了本套餐饮职业教育创新技能型人才培养新形态一体化系列教材、全国餐饮职业教育教学指导委员会重点课题"基于烹饪专业人才培养目标的中高职课程体系与教材开发研究"成果系列教材。

本套教材力争契合烹饪专业人才培养的灵活性、适应性和针对性,符合岗位对烹饪专业人才知识、技能、能力和素质的需求。本套教材有以下编写特点:

1. 权威指导,基于科研　本套教材以全国餐饮职业教育教学指导委员会的重点课题为基础,由国内餐饮职业教育教学和实践经验丰富的专家指导,将研究成果适度、合理落脚于教材中。

2. 理实一体,强化技能　遵循以工作过程为导向的原则,明确工作任务,并在此基础上将与技能和工作任务集成的理论知识加以融合,使得学生在实际工作环境中,将知识和技能协调配合。

3. 贴近岗位,注重实践　按照现代烹饪岗位的能力要求,对接现代烹饪行业和企业的职业技能标准，将学历证书和若干职业技能等级证书（“1＋X”证书）内容相结合，融入新技术、新工艺、新规范、新要求，培养职业素养、专业知识和职业技能，提高学生应对实际工作的能力。

4.编排新颖，版式灵活　注重教材表现形式的新颖性，文字叙述符合行业习惯，表达力求通俗、易懂，版面编排力求图文并茂、版式灵活，以激发学生的学习兴趣。

5.纸质数字，融合发展　在新形势媒体融合发展的背景下，将传统纸质教材和我社数字资源平台融合，开发信息化资源，打造成一套纸数融合一体化教材。

本系列教材得到了全国餐饮职业教育教学指导委员会和各院校、企业的大力支持和高度关注，它将为新时期餐饮职业教育做出应有的贡献，具有推动烹饪职业教育教学改革的实践价值。我们衷心希望本套教材能在相关课程的教学中发挥积极作用，并得到广大读者的青睐。我们也相信本套教材在使用过程中，通过教学实践的检验和实际问题的解决，能不断得到改进、完善和提高。

前言

西餐，狭义而言是西方国家的餐食，是相对于东亚地区而言的西方世界的饮食种类，广义而言是除中式餐饮以外的其他国家餐饮的总称。近年来，随着东西方文化交流的不断深入，西餐已逐渐被越来越多的国人所接受，西餐业在我国也有了较大的发展和提高。但是目前我国培养西餐行业人员的职业教育和职业培训还尚显滞后，作为西餐教育和培训的西餐烹饪教材还存在许多局限性和不足之处。

"西餐制作"是职业院校西餐烹饪专业的基础课程之一。本书以七个项目、二十二个任务为基本结构，按照西餐烹饪所需要的高汤与汤、酱汁与调味汁、蔬菜、禽类、肉类（牛肉、羊肉、猪肉）、鱼类与贝类海鲜以及豆类、谷类及意大利面的分类传授西餐制作所必需的基本技能及操作方法。

本教材在编写过程中遵循国务院下发的《国家职业教育改革实施方案》（国发〔2019〕4号）（简称"方案"）中提出的职业教育"三对接"即专业设置与产业需求对接、课程内容与职业标准对接、教学过程与生产过程对接的要求，在注重理论的同时强调实践能力，以期加强学生的动手能力，培养西餐专业技能型人才，使学校培养出来的学生更能适应企业对人才的要求，实现学生从学校到企业岗位的无缝对接，真正实现教学改革新模式。

本教材内容以技能操作为主，采用图、文等多种方式进行表述，并配套技能操作视频等丰富的数字化教学资源，增强教材趣味性，增加对学生的吸引力。旨在让学生系统掌握西餐烹调操作的基础知识，掌握西餐烹调操作技能，具备从事相关西餐烹饪工作的基本职业能力。本教材可作为职业院校烹饪专业西餐教学用书，也可作为餐饮行业西餐从业人员培训和西餐爱好者的参考用书。

本书由济南大学文化和旅游学院胡建国、长垣烹饪职业技术学院高敬严、西安商贸旅游技师学院倪华担任主编；上海师范大学旅游学院高海薇、大连商业学校孟令涵、郑州商业技师学院董平平、长垣烹饪职业技术学院李凯迪担任副主编。广东省旅游职业技术学校杨莹汕，莱西市职业教育中心学校王廷臣，大连商业学校吴强，烟台文化旅游职业学院苏维汉、史京帅、钟政，广东省外语艺术职业学院陈柔豪、杨月通，大连市烹饪中等职业技术专业学校葛瑞，广州市白云行知职业技术学校刘强、林浩庭，大连市旅顺口区职业教育中心马成、田广乾，东莞市轻工业学校陈为等老师参与文字的编写工作。

在编写过程中，本书参阅了部分文献，在此对文献的作者表示谢意。教材的编写得到了导师杨铭铎教授的热情帮助和华中科技大学出版社的大力支持;孟令涵、董平平老师做了大量的前期调研与设计编写工作;胡建国、高敬严老师及他们指导的学生摄影团体,完成了书中图片和部分视频的拍摄工作。再次对于给予大力支持和帮助的恩师、学生和朋友们表示深深的谢意!

鉴于编者的学识和时间所限,书中难免有疏漏之处,企盼在今后的教学中有所改进和提高。恳请广大读者批评指正。

编　者

数字资源清单

续表

目录

高汤与汤

项目导读

高汤是西餐烹饪的基础或根本，制作高汤是西餐烹饪技能中最为基本的技能。在西餐菜肴制作中大部分菜肴以高汤的制作为前提，高质量的高汤是西餐汤类菜肴、酱汁及焖炖类菜肴的基础。随着人们营养意识的提升，人们更加倾向于清淡简单的饮食，作为开胃汤的清汤和蓉汤越来越受到人们的追捧。

项目目标

学完项目一我们将可以达到以下目标：

1. 能够准备植物性调味料，并用调味包制作调味汁。
2. 能够准备鸡肉高汤、褐色高汤、鱼高汤、蔬菜高汤、海带高汤等多种高汤的原料。
3. 能够制作西餐中经典的清汤和蓉汤等多种汤品。
4. 能够给原料上色，制作增稠剂等。
5. 能够将汤品澄清和保存。

任务一　基础高汤和特制高汤

任务目标

1. 熟悉制作各类高汤的原料种类及特点。
2. 熟悉并掌握鸡肉高汤、褐色高汤、鱼高汤的制作方法。
3. 熟悉并掌握蔬菜高汤、海带高汤的制作方法。

任务实施

一、鸡肉高汤

(一) 目的

了解和掌握鸡肉高汤制作的基本方法及高汤原料的加工处理。

(二) 原料

鸡腿 1 个、洋葱 1 颗、胡萝卜 1 根、韭葱 1 根、西芹 1 根、丁香 2 颗、香叶 4 片、百里香 1 枝。原料经初步加工,见图 1-1-1。

(三) 用具

砧板、厨刀、汤锅、平底炒锅、细孔筛网等。

(四) 操作步骤

(1) 将鸡肉块放入汤锅内,倒入冷水(图 1-1-2)。

图 1-1-1

图 1-1-2

(2) 将洋葱切小块,胡萝卜切块、韭葱切段、西芹切段(图 1-1-3)。

(3) 将汤锅内的浮沫撇去,并依次放入洋葱、胡萝卜、韭葱、西芹、丁香、香叶、百里香(图 1-1-4)。

图 1-1-3

图 1-1-4

(4) 以小火煮 20 分钟，不需加盐，但可以适当加热水，将高汤用筛网过滤(图 1-1-5)。

(5) 高汤冷却后可冷藏备用(图 1-1-6)。

图 1-1-5

图 1-1-6

(五) 注意事项

蔬菜煮至刚熟即可，汤汁可保留其清爽的口感。

二、褐色高汤(牛高汤)

(一) 目的

了解和掌握制作牛高汤的基本方法及高汤原料的加工处理。

(二) 原料

牛腿肉 500 g、洋葱 2 颗、胡萝卜 1 根、韭葱 1 根、西芹 1 根、丁香 2 颗、香叶 4 片、百里香 1 枝、大蒜 3 颗。部分原料经加工处理，见图 1-1-7。

(三) 用具

砧板、厨刀、汤锅、平底炒锅、细孔筛网等。

(四) 操作步骤

(1) 将牛肉放入汤锅内，倒入冷水并浸过牛肉，煮沸并撇去浮沫(图 1-1-8)。

图 1-1-7

图 1-1-8

(2) 取 1 颗洋葱对半切后放入煎锅内，以小火煎至切面焦黄(图 1-1-9)。

(3) 将胡萝卜切块、韭葱切段、西芹切段、洋葱切片(图 1-1-10)。

图 1-1-9

图 1-1-10

(4) 将汤锅内的浮沫撇去,并依次放入洋葱、胡萝卜、韭葱、西芹、丁香、香叶、百里香(图 1-1-11)。

图 1-1-11

(5) 以小火煮 2 小时,不需加盐,不加盖,不时撇去浮沫,但可以适当加热水,将高汤用筛网过滤,冷却后可冷冻备用(图 1-1-12、图 1-1-13)。

图 1-1-12

图 1-1-13

(五) 注意事项

可将牛高汤置于阴凉处保存 2 天,之后需要冷冻保存。

三、鱼高汤

(一) 目的

了解和掌握鱼高汤制作的基本方法及高汤原料的加工处理。

（二）原料

鱼骨和鱼肉 500 g、韭葱 1 根、白口菇 50 g、洋葱 1 颗、黄油 50 g、香叶 4 片、百里香 1 枝、白葡萄酒 150 g 等。部分原料经加工处理，如图 1-1-14 所示。

（三）用具

砧板、厨刀、汤锅、平底炒锅、细孔筛网等。

（四）操作步骤

(1) 鱼骨和鱼肉洗净切成小块(图 1-1-15)。

图 1-1-14

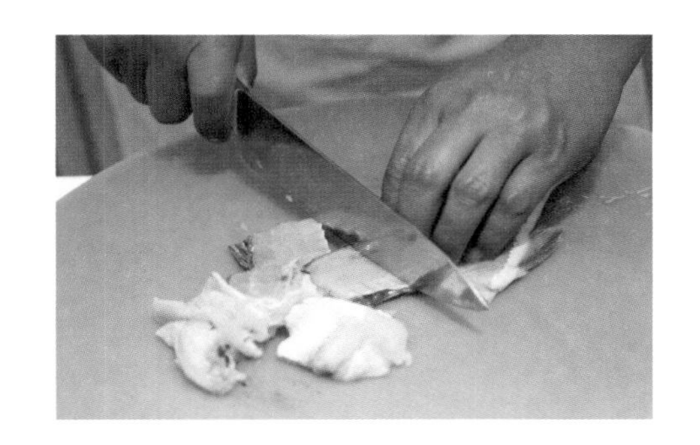

图 1-1-15

(2) 将洋葱切块、韭葱切段(图 1-1-16)。

(3) 将黄油放入平底锅内，将鱼骨和鱼肉及各种蔬菜炒至出汁，但不要炒上色(图 1-1-17)。

图 1-1-16

图 1-1-17

(4) 把炒好的鱼骨、蔬菜等原料倒入汤锅内，再放入香料和白葡萄酒，倒入热水煮沸(图 1-1-18、图 1-1-19)。

(5) 煮沸后撇去浮沫，不要盖锅盖，以小火煮制 20 分钟；将高汤用筛网过滤，冷却后可冷藏备用(图 1-1-20、图 1-1-21)。

（五）注意事项

鱼高汤可冷藏保存 2 天。

图 1-1-18

图 1-1-19

图 1-1-20

图 1-1-21

四、特殊高汤

（一）蔬菜高汤

❶ **目的** 了解和掌握蔬菜高汤制作的基本方法及高汤原料的加工处理。

❷ **原料** 韭葱 1 根、胡萝卜 1 根、洋葱 1 颗、西芹 1 根、香叶 4 片、百里香 1 枝、丁香 1 颗。原料经加工后，如图 1-1-22 所示。

❸ **用具** 砧板、厨刀、汤锅、平底炒锅、细孔筛网等。

❹ **操作步骤**

(1) 洋葱切片、胡萝卜切块、西芹切段、韭葱切段(图 1-1-22)。

(2) 把切好的蔬菜、香料和冷水放到汤锅内，烧开，用小火煮 1 小时(图 1-1-23)。

图 1-1-22

图 1-1-23

(3) 煮沸后撇去浮沫，不要盖锅盖，不加盐，将高汤用筛网过滤，冷却后可冷藏备用(图1-1-24、图1-1-25)。

图 1-1-24

图 1-1-25

❺ **注意事项**　蔬菜高汤冷却后可冷藏3日，冷冻后可保存1个月。

(二) 海带高汤的制作

视频：海带高汤的制作

❶ **目的**　了解和掌握海带高汤制作的基本方法及高汤原料的加工处理。

❷ **原料**　海带50 g、洋葱半颗、西芹1根、香叶1片、百里香1枝、丁香1颗等。原料经加工处理，如图1-1-26所示。

❸ **用具**　砧板、厨刀、汤锅、平底炒锅、细孔筛网等。

❹ **操作步骤**

(1) 把海带、切好的蔬菜、香料和冷水放到汤锅内，烧开，用小火煮20分钟(图1-1-27)。

图 1-1-26

图 1-1-27

(2) 煮沸后撇去浮沫，不要盖锅盖，不加盐，将高汤用筛网过滤，冷却后可冷藏备用(图1-1-28、图1-1-29)。

❺ **注意事项**　海带高汤冷却后可冷藏3日，冷冻后可保存1个月。

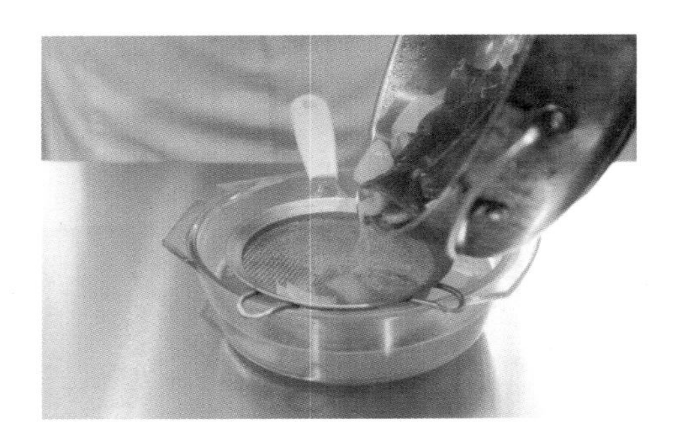

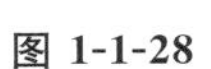
图 1-1-28

图 1-1-29

（三）鸽子高汤

❶ **目的**　了解和掌握鸽子高汤制作的基本方法及高汤原料的加工处理。

❷ **原料**　鸽子 2 只、黄油 50 g、韭葱 1 根、胡萝卜 1 根、洋葱 1 颗、西芹 1 根、香叶 4 片、百里香 1 枝、丁香 1 颗。部分原料经加工处理，如图 1-1-30 所示。

❸ **用具**　砧板、厨刀、汤锅、平底炒锅、细孔筛网等。

❹ **操作步骤**

(1) 鸽子肉切小块，洋葱切片，胡萝卜切块，西芹切段，韭葱切段(图 1-1-30)。

(2) 煎锅内放入黄油，煎至鸽子肉呈深褐色(图 1-1-31)。

图 1-1-30

图 1-1-31

(3) 把煎好的鸽子肉，切好的蔬菜、香料和冷水放到汤锅内，烧开，用小火煮 1 小时(图 1-1-32)。

图 1-1-32

(4) 煮沸后撇去浮沫，不要盖锅盖，不加盐，将高汤用筛网过滤，冷却后可冷藏备用(图1-1-33、图 1-1-34)。

图 1-1-33

图 1-1-34

⑤ **注意事项**　鸽子高汤冷却后可冷藏 3 日，冷冻后可保存 1 个月。

任务二　清汤和蓉汤

任务目标

1. 熟悉并掌握法式洋葱汤、日式汤、罗宋汤等清汤的制作方法。
2. 熟悉并掌握蔬菜蓉汤、鱼蓉汤等蓉汤的制作方法。

任务实施

视频：法式洋葱汤的制作

一、法式洋葱汤的制作

(一) 目的

了解和掌握法式洋葱汤的制作方法及高汤原料的加工处理。

(二) 原料

洋葱 500 g、碎奶酪 50 g、黄油 75 g、牛高汤 1.5 L、干白葡萄酒 200 mL、香草适量、盐及胡椒粉适量。原料经加工处理，如图 1-2-1 所示。

(三) 用具

砧板、厨刀、汤锅、平底炒锅、细孔筛网、汤碗等。

(四) 操作步骤

(1) 把切成丝的洋葱用黄油在小火上煸炒，不停翻炒约 20 分钟，直至洋葱变成焦褐色(图

1-2-2、图 1-2-3)。

图 1-2-1

图 1-2-2

(2) 汤锅内加入牛高汤、干白葡萄酒、香料、盐、胡椒粉烧开,煮沸后撇去浮沫,盖上锅盖,炖煮 30 分钟(图 1-2-4)。

图 1-2-3

图 1-2-4

(3) 把汤盛入汤碗中,撒入碎奶酪即可(图 1-2-5)。

图 1-2-5

(五) 注意事项

需要先把洋葱煸炒上色,才可保证汤色深褐,味道浓郁。

二、日式汤的制作

(一) 目的

了解和掌握日式汤的制作方法及高汤原料的加工处理。

视频：日式汤的制作

（二）原料

鲜虾5只、胡萝卜花5粒、鱼高汤1.5L、绿豆芽适量、香料适量、盐适量、胡椒粉适量。原料经加工处理，如图1-2-6所示。

（三）用具

砧板、厨刀、汤锅、细孔筛网、汤碗等。

（四）操作步骤

（1）鲜虾煮熟，去头、去壳、去虾线留尾（图1-2-6）。

（2）烧开鱼高汤，放入熟虾、胡萝卜花，转小火煮制2分钟，用盐和胡椒粉调味（图1-2-7）。

图 1-2-6

图 1-2-7

（3）盛入汤碗中，放入绿豆芽等点缀即可（图1-2-8）。

图 1-2-8

（五）注意事项

鱼高汤是日式料理的基础汤，加入不同的食材会具有不同的特色。

三、罗宋汤的制作

视频：罗宋汤的制作

（一）目的

了解和掌握罗宋汤的制作方法及高汤原料的加工处理。

（二）原料

牛肉条100 g、牛高汤1.5 L、黄油50 g、洋葱条40 g、番茄条30 g、胡萝卜条20 g、西芹条

20 g、柠檬汁少许、青红椒条 30 g、土豆条 30 g、番茄酱 20 g、包菜条 20 g、香叶若干、百里香若干、盐适量、胡椒粉适量、干白葡萄酒 50 mL 等。

（三）用具

砧板、厨刀、汤锅、平底炒锅、细孔筛网、汤碗等。部分原料经加工处理，如图 1-2-9 所示。

（四）操作步骤

（1）锅内放黄油煸炒牛肉条，加入香叶、百里香（图 1-2-10）。

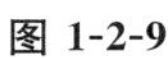
图 1-2-9

图 1-2-10

（2）依次放入洋葱条、番茄条、胡萝卜条、西芹条、青红椒条、土豆条等煸炒出水分（图 1-2-11）。

图 1-2-11

（3）再加入番茄酱进行煸炒，倒入牛高汤煮开后再用小火煮制 20 分钟（图 1-2-12、图 1-2-13）。

（4）用盐、胡椒粉、柠檬汁调味即可（图 1-2-14、图 1-2-15）。

（五）注意事项

添加的各种食材需要根据其特性控制加入的时间。

图 1-2-12

图 1-2-13

图 1-2-14

图 1-2-15

四、蔬菜蓉汤的制作

视频：蔬菜蓉汤的制作

(一) 目的

了解和掌握蔬菜蓉汤的制作方法及高汤原料的加工处理。

(二) 原料

胡萝卜 500 g、西芹 50 g、黄油 50 g、葱 1 根、洋葱 1 颗、蔬菜高汤适量、香叶若干、百里香若干、盐适量、胡椒粉适量。原料经加工处理，如图 1-2-16 所示。

图 1-2-16

(三) 用具

砧板、厨刀、平底炒锅、细孔筛网、汤碗、搅拌器等。

(四) 操作步骤

(1) 各种蔬菜切块(图 1-2-16)。

(2) 锅内加入黄油，放入蔬菜，小火煸炒，加入香叶、百里香，再炒至各种蔬菜变软(图1-2-17)。

(3) 加入蔬菜高汤，没过蔬菜，加入调味料，小火炖 20 分钟，直至软烂(图 1-2-18)。

图 1-2-17

图 1-2-18

(4) 用搅拌器打制成蓉泥状，重新倒在干净的锅里加热，调整口味和浓稠度。装盘后装饰即可(图 1-2-19、图 1-2-20)。

图 1-2-19

图 1-2-20

(五) 注意事项

需要先把蔬菜煮至软烂，方可制作出蓉泥。

视频:鱼蓉汤的制作

五、鱼蓉汤的制作

(一) 目的

了解和掌握鱼蓉汤的制作方法及高汤原料的加工处理。

(二) 原料

海鱼(比目鱼)1 条、胡萝卜 1 根、洋葱 1 个、西芹 1 根、韭葱 1 根、马铃薯 1 个、黄油 50 g、白兰地酒 50 mL、鱼高汤 1.5 L、番茄酱 50 g、淡奶油 50 g、面粉 30 g、干白葡萄酒 50 mL、香草束 1 捆、盐适量、胡椒粉适量。部分原料经加工处理，如图 1-2-21 所示。

（三）用具

砧板、厨刀、平底炒锅、细孔筛网、汤碗、搅拌机。

（四）操作步骤

（1）鱼肉洗净切块，各种蔬菜切碎（图 1-2-21、图 1-2-22）。

图 1-2-21

图 1-2-22

（2）锅内放入黄油加热，倒入鱼块煸炒 10 分钟，加入番茄酱、蔬菜煸炒 15 分钟，加入白兰地酒，收干汤汁（图 1-2-23）。

（3）锅内加入鱼高汤，小火慢炖 2 小时，可以中途加热水（图 1-2-24）。

图 1-2-23

图 1-2-24

（4）用搅拌机将汤料搅碎过滤，重新加热调味，加入淡奶油增味（图 1-2-25、图 1-2-26）。

（五）注意事项

鱼蓉汤中最著名的是马赛鱼汤，另一传统法式鱼汤是使用贝壳类海鲜制作而成的龙虾浓汤。

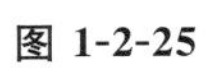

图 1-2-25

图 1-2-26

项目二

酱汁与调味汁

项目导读

酱汁又称为“少司”，是西餐中味重、黏稠的汤汁，用来调节、增加某些菜肴的味道。对一名西餐厨师而言，酱汁对菜肴的重要性同盐和胡椒粉一样不可或缺，在西餐菜肴中起着调味品的作用。一顿真正美味的大餐最令人回味的恰恰是酱汁为鱼、肉等菜肴增添的美味，酱汁的制作技能是西餐厨师应掌握的所有烹饪技能中最基本的技能。

项目目标

学完项目二我们将可以达到以下目标：

1. 能够准备无色、暗色和棕色的各类油脂面粉糊，并用之增稠汤汁。
2. 能够准备和使用蛋黄和奶油混合物。
3. 能够用黄油做酱汁。
4. 能够准备白色酱汁、褐色酱汁、黄油酱汁、蛋黄酱汁及调味汁等。

任务一 白色酱汁的制作

任务目标

1. 熟悉并掌握白色酱汁的原料组成及特点。
2. 熟悉并掌握白色酱汁的制作方法。
3. 掌握白色酱汁的衍生酱汁的制作方法。

任务实施

视频：白色酱汁的制作

一、白色酱汁的制作

（一）目的

了解和掌握白色酱汁的制作方法及原料的加工处理。

（二）原料

面粉 30 g、黄油 30 g、清汤 1.5 L、纯牛奶 350 mL、西芹 1 根、洋葱半颗、香叶若干、百里香若干、淡奶油 100 g、盐适量、胡椒粉适量。原料经加工处理，如图 2-1-1 所示。

（三）用具

砧板、厨刀、汤锅、平底炒锅、细孔筛网、汤碗、搅拌器、打蛋器等。

（四）操作步骤

（1）锅内放入面粉，炒香（图 2-1-2）。

图 2-1-1

图 2-1-2

（2）再放入黄油炒拌均匀（图 2-1-3）。

（3）加入清汤，搅拌均匀，再依次加入洋葱碎、西芹碎、香叶、百里香（图 2-1-4）。

（4）小火慢煮 15 分钟，加入纯牛奶，再加入淡奶油、盐、胡椒粉调味（图 2-1-5）。

（5）最后过滤备用（图 2-1-6）。

（五）注意事项

白色酱汁属于香醇系列酱汁。

图 2-1-3

图 2-1-4

图 2-1-5

图 2-1-6

二、奶油酱汁的制作

视频:奶油酱汁的制作

(一) 目的

了解和掌握奶油少司的制作方法及原料的加工处理。

(二) 原料

蛋黄 2 个、淡奶油 200 mL、柠檬 1 个、黄油 50 g、白色酱汁 500 mL、盐适量、胡椒粉适量。

(三) 用具

平底炒锅、细孔筛网、汤碗、搅拌器、打蛋器等。

(四) 操作步骤

(1) 将白色酱汁煮好备用,将蛋黄和淡奶油放入汤碗中用打蛋器快速拌匀。

(2) 将拌匀的混合物倒入煮好的白色酱汁中,并搅拌均匀(图 2-1-7)。

(3) 将锅放火上,小火慢煮 3 分钟(图 2-1-8)。

(4) 放入柠檬汁、盐、胡椒粉调味,并加入一些黄油保温即可(图 2-1-9)。

图 2-1-7

图 2-1-8

图 2-1-9

（五）注意事项

适合于各种海鲜鱼类、蔬菜及白肉类菜肴。

视频：顶级酱汁的制作

三、白色酱汁的衍生酱汁的制作

（一）顶级酱汁

❶ **目的** 了解和掌握顶级酱汁的制作方法及原料的加工处理。

❷ **原料** 白口菇 100 g、蛋黄 2 个、淡奶油 200 mL、柠檬 1 个、黄油 50 g、白色酱汁 500 mL、盐适量、胡椒粉适量。原料经加工处理，如图 2-1-10 所示。

❸ **用具** 平底炒锅、细孔筛网、汤碗、搅拌器、打蛋器等。

❹ **操作步骤**

(1) 将白色酱汁煮好备用(图 2-1-11)。

(2) 将切碎的白口菇丁倒入煮好的白色酱汁中，并搅拌均匀(图 2-1-12)。

(3) 将锅放火上，小火慢煮 5 分钟，再加入淡奶油、蛋黄和柠檬汁，搅拌均匀(图 2-1-13)。

(4) 过滤，再放入盐、胡椒粉调味，并加入一些黄油保温即可(图 2-1-14、图 2-1-15)。

图 2-1-10

图 2-1-11

图 2-1-12

图 2-1-13

图 2-1-14

图 2-1-15

⑤ 注意事项　主要用于煮鸡、烩鸡类菜肴。

（二）芥末酱汁

视频：芥末酱汁的制作

❶ 目的　了解和掌握芥末酱汁的制作方法及原料的加工处理。

❷ 原料　英式芥末 20 g、黄油 50 g、白色酱汁 500 mL、盐适量、胡椒粉适量、清汤适量（图 2-1-16）。

❸ 用具　平底炒锅、细孔筛网、汤碗、搅拌器、打蛋器。

图 2-1-16

❹ **操作步骤**

（1）将白色酱汁煮好备用，将英式芥末放入碗中，加入清汤，用打蛋器快速拌匀稀释（图 2-1-17）。

（2）将拌匀的混合物倒入煮好的白色酱汁中，并搅拌均匀（图 2-1-18）。

图 2-1-17

图 2-1-18

（3）将锅放火上，小火慢煮 3 分钟，过滤，放入盐、胡椒粉调味，并加入一些黄油保温即可（图 2-1-19、图 2-1-20）。

图 2-1-19

图 2-1-20

❺ **注意事项**　主要用于铁扒类的鱼类菜肴。

任务二　褐色酱汁的制作

任务目标

1. 熟悉并掌握基础褐色酱汁的原料组成及特点。
2. 熟悉并掌握基础褐色酱汁的制作方法。
3. 掌握褐色酱汁的衍生酱汁的制作方法。

任务实施

视频：基础褐色酱汁的制作

一、基础褐色酱汁的制作

（一）目的

了解和掌握基础褐色酱汁的制作方法及原料的加工处理。

（二）原料

牛高汤 1.5 L、黄油 30 g、面粉 30 g、番茄酱 75 g、碎牛肉 300 g、牛骨 2 kg、洋葱碎 100 g、胡萝卜 100 g、香叶若干、百里香若干、干红葡萄酒 100 mL。原料经加工处理，如图 2-2-1 所示。

（三）用具

砧板、厨刀、汤锅、平底炒锅、细孔筛网、汤碗、搅拌器、打蛋器等。

（四）操作步骤

（1）将牛骨、碎牛肉和蔬菜等煎制成浅棕色（图 2-2-2）。

图 2-2-1

图 2-2-2

（2）将黄油放入煎锅内，加入面粉，微火炒至浅棕色，晾凉备用（图 2-2-3）。

（3）锅内加入黄油，放入洋葱碎，炒出水分，再加入番茄酱炒香，加入干红葡萄酒，倒入牛高汤，搅拌均匀（图 2-2-4）。

图 2-2-3

图 2-2-4

（4）再加入牛骨、蔬菜、香叶、百里香，小火，微沸，煮制 2 小时，并不断撇去汤中的浮沫和油脂（图 2-2-5）。

（5）过滤后的汤汁煮开，熬煮 15 分钟，略收汁，加入油糊，搅拌均匀（图 2-2-6）。

图 2-2-5

图 2-2-6

（6）将酱汁煮浓，撇去浮沫，晾凉备用（图 2-2-7）。

图 2-2-7

（五）注意事项

牛骨和牛肉需要煎制上色，增加浓郁风味。

二、褐色酱汁的衍生酱汁的制作

（一）猎人酱汁的制作

视频：猎人酱汁的制作

❶ **目的**　了解和掌握猎人酱汁的制作方法及原料的加工处理。

❷ **原料**　洋葱 1 颗、番茄 2 颗、黄油 50 g、白蘑菇 100 g、干白葡萄酒 100 mL、基础褐色酱汁 1.5 L、香芹 20 g、他里根香草等。原料经加工处理，如图 2-2-8 所示。

❸ **用具**　砧板、厨刀、汤锅、平底炒锅、细孔筛网、汤碗、搅拌器、打蛋器等。

❹ **操作步骤**

（1）将黄油放入锅内加热，倒入洋葱碎、香叶，炒软（图 2-2-9）。

图 2-2-8

图 2-2-9

（2）再倒入白蘑菇片，炒透，控油。

（3）倒入干白葡萄酒，将酱汁煮 10 分钟收汁，浓缩至一半以上（图 2-2-10）。

图 2-2-10

（4）加入基础褐色酱汁，小火，微沸，煮透（图 2-2-11、图 2-2-12）。

（5）用细孔筛网过滤酱汁放入新的锅中，加入黄油并搅匀（图 2-2-13）。

（6）调入盐、胡椒粉，加入他里根香草即可（图 2-2-14）。

❺ **注意事项**　主要用于牛排、小牛排及烩牛肉、羊肉等菜肴。

图 2-2-11

图 2-2-12

图 2-2-13

图 2-2-14

视频:魔鬼酱汁的制作

（二）魔鬼酱汁的制作

❶ **目的** 了解和掌握魔鬼酱汁的制作方法及原料的加工处理。

❷ **原料** 洋葱 2 颗、褐色少司 1 L、香叶及百里香适量、黄油 50 g、红酒醋 30 mL、番芫荽 10 g、龙蒿碎 20 g、干白葡萄酒 100 mL、番茄 1 颗、盐适量、胡椒粉适量。部分原料经加工处理,如图2-2-15所示。

❸ **用具** 砧板、厨刀、汤锅、平底炒锅、细孔筛网、汤碗、搅拌器、打蛋器等。

❹ **操作步骤**

(1) 将黄油放入锅内加热,倒入洋葱(图 2-2-16)、香料,炒香。

图 2-2-15

图 2-2-16

Note

(2) 倒入红酒醋和干白葡萄酒，再以大火收汁 1/3(图 2-2-17)。

(3) 倒入番茄丁和褐色少司，将酱汁煮 10 分钟收汁，放入胡椒粉，搅拌均匀(图 2-2-18)。

图 2-2-17　　　　图 2-2-18

(4) 用细孔筛网过滤酱汁后将其放入新的锅中，加入黄油并用打蛋器搅匀(图 2-2-19)。

图 2-2-19

(5) 加入盐、胡椒粉，加入番芫荽碎和龙蒿碎即可(图 2-2-20、图 2-2-21)。

图 2-2-20　　　　图 2-2-21

❺ **注意事项**　常用于铁扒、煎的鱼类、肉类菜肴。

视频：黑椒酱汁的制作

(三) 黑椒酱汁的制作

❶ **目的**　了解和掌握黑椒酱汁的制作方法及原料的加工处理。

❷ **原料**　黑胡椒碎 20 g、洋葱碎 30 g、干葱碎 30 g、蒜蓉 30 g、褐色少司 50 mL、淡奶油

20 g、黄油 20 g、香叶若干、百里香若干，干红葡萄酒 10 mL、盐适量。原料经加工处理，如图 2-2-22 所示。

❸ **用具** 砧板、厨刀、平底炒锅、细孔筛网、汤碗、搅拌器、打蛋器等。

❹ **操作步骤**

（1）将黄油放入锅内烧热，依次加入洋葱碎、干葱碎、蒜蓉、香叶、百里香炒香（图 2-2-23）。

图 2-2-22

图 2-2-23

（2）加入黑胡椒碎，炒香（图 2-2-24）。

（3）加入褐色少司，慢火煮，加入干红葡萄酒（图 2-2-25）。

图 2-2-24

图 2-2-25

（4）用细孔筛网过滤酱汁后将其放入新的锅中，加入黄油并用打蛋器搅匀（图 2-2-26）。

图 2-2-26

(5) 加入盐、淡奶油、黄油，搅拌均匀即可(图 2-2-27、图 2-2-28)。

图 2-2-27

图 2-2-28

❺ **注意事项**　适用于肉质类菜肴，如牛排、羊排类菜肴。

任务三　黄油酱汁的制作

任务目标

1. 熟悉并掌握荷兰酱汁的制作方法。
2. 熟悉并掌握边尼斯酱汁的制作方法。

任务实施

一、荷兰酱汁的制作

视频：荷兰酱汁的制作

(一) 目的

了解和掌握荷兰酱汁的制作方法及原料的加工处理。

(二) 原料

蛋黄 2 个、黄油 200 g、柠檬 50 g、香叶 3 片、黑胡椒粒 5 粒、冬葱 50 g、盐适量等。原料经加工处理，如图 2-3-1 所示。

(三) 用具

砧板、厨刀、少司锅、细孔筛网、汤碗、搅拌器、打蛋器等。

(四) 操作步骤

(1) 把冬葱末、香叶、黑胡椒粒、柠檬汁放入少司锅内，充分浓缩，将过滤后的浓缩汁再

加入适量的清水，晾凉(图 2-3-2)。

图 2-3-1

图 2-3-2

(2) 将蛋黄搅打均匀(图 2-3-3)。

(3) 再将少司锅放入 50～60 ℃的热水中，加入晾凉的浓缩汁，并不断搅打，直至将蛋黄打起，呈奶油状，从热水中取出少司锅，稍晾(图 2-3-4)。

图 2-3-3

图 2-3-4

(4) 再逐渐加入熔化的黄油，不断搅打，直至完全融合，调味即可(图 2-3-5、图 2-3-6)。

图 2-3-5

图 2-3-6

(五) 注意事项

制作荷兰酱汁的关键是控制好温度，温度低，黄油结块，温度高，蛋黄结块。

二、边尼斯酱汁的制作

视频：边尼斯酱汁的制作

（一）目的

了解和掌握边尼斯酱汁的制作方法及原料的加工处理。

（二）原料

黑胡椒粒若干、干葱碎 20 g、龙蒿碎 30 g、红酒醋 100 g、蛋黄 3 个、黄油 200 g、盐适量、辣椒粉 15 g(图 2-3-7)。

（三）用具

砧板、厨刀、平底炒锅、汤碗、搅拌器、打蛋器等。

（四）操作步骤

(1) 将黑胡椒粒、干葱碎、龙蒿碎和红酒醋煮开，浓缩至剩余 1/3，离开火(图 2-3-8)。

图 2-3-7

图 2-3-8

(2) 将蛋黄搅拌进去，使用非常小的火加热，搅拌 3 分钟，搅到呈缎带状(图 2-3-9)。

(3) 澄清黄油一次加一点，每次加入后都要快速搅拌均匀(图 2-3-10)。

图 2-3-9

图 2-3-10

(4) 用盐和辣椒粉调味即可(图 2-3-11、图 2-3-12)。

图 2-3-11

图 2-3-12

（五）注意事项

边尼斯酱汁是荷兰酱汁的姐妹酱汁，味道浓郁而香辣。

任务四 蛋黄酱的制作

任务目标

1. 熟悉并掌握蛋黄酱的原料组成及特点。
2. 熟悉并掌握蛋黄酱的制作方法。
3. 掌握蛋黄酱的衍生酱汁的制作方法。

任务实施

视频：蛋黄酱的制作

一、蛋黄酱的制作

（一）目的

了解和掌握蛋黄酱的制作方法及蛋黄酱原料的加工处理。

（二）原料

蛋黄 2 个、色拉油 250 mL、英式芥末 5 g、柠檬汁适量、盐适量、白胡椒粉适量、凉开水适量（图 2-4-1）。

（三）用具

砧板、厨刀、陶瓷碗、打蛋器等。

（四）操作步骤

（1）在蛋黄内，加入盐、白胡椒粉、英式芥末（图 2-4-2）。

图 2-4-1

图 2-4-2

（2）用打蛋器将蛋黄搅匀，然后逐渐加入色拉油，并用打蛋器不断搅拌，使蛋黄和色拉油融为一体（图 2-4-3）。

（3）当浓度变黏稠、搅拌吃力时，加入少量的凉开水和柠檬汁，加以稀释，使颜色变浅白后，再继续加色拉油，直至色拉油用完（图 2-4-4）。

图 2-4-3

图 2-4-4

（4）最后加入盐、白胡椒粉和柠檬汁调味即可（图 2-4-5、图 2-4-6）。

图 2-4-5

图 2-4-6

(五) 注意事项

蛋黄酱又称“马乃司少司”,是西餐中最基础的一种冷少司。制作过程中容易发生蛋黄和油脂分离的“脱油”现象。

二、蛋黄酱的衍生酱汁的制作

视频:香草蛋黄酱的制作

(一) 香草蛋黄酱的制作

❶ **目的** 了解和掌握香草蛋黄酱的制作方法及原料的加工处理。

❷ **原料** 蛋黄酱 100 g、番芫荽碎 10 g、龙蒿碎 10 g、细叶芹碎 10 g、盐适量、胡椒粉适量、白糖粉适量(图 2-4-7)。

❸ **用具** 砧板、厨刀、陶瓷碗、搅拌器、打蛋器等。

❹ **操作步骤**

(1) 将蛋黄酱放入陶瓷碗内,加入番芫荽碎、龙蒿碎、细叶芹碎,并搅拌均匀(图 2-4-8)。

图 2-4-7

图 2-4-8

(2) 加入盐、胡椒粉调味即可(图 2-4-9)。

图 2-4-9

❺ **注意事项** 主要用于烧烤禽类和肉类。

（二）香堤蛋黄酱的制作

视频：香堤蛋黄酱的制作

❶ **目的**　了解和掌握香堤蛋黄酱的制作方法及原料的加工处理。

❷ **原料**　蛋黄酱 100 g、淡奶油 50 g、盐适量、胡椒粉适量(图 2-4-10)。

❸ **用具**　砧板、厨刀、陶瓷碗、搅拌器、打蛋器。

❹ **操作步骤**

(1) 将蛋黄酱放入陶瓷碗内，加入微微打发的淡奶油，并搅拌均匀(图 2-4-11)。

图 2-4-10

图 2-4-11

(2) 加入盐、胡椒粉调味即可(图 2-4-12)。

图 2-4-12

❺ **注意事项**　主要用于冷食的蔬菜或者鱼类菜肴。

（三）蒜泥蛋黄酱的制作

视频：蒜泥蛋黄酱的制作

❶ **目的**　了解和掌握蒜泥蛋黄酱的制作方法及原料的加工处理。

❷ **原料**　蛋黄酱 100 g、蒜泥 20 g、盐适量、胡椒粉适量(图 2-4-13)。

❸ **用具**　砧板、厨刀、陶瓷碗、搅拌器、打蛋器等。

❹ **操作步骤**

(1) 将蛋黄酱放入陶瓷碗内，加入捣烂的蒜泥，并搅拌均匀(图 2-4-14)。

(2) 加入盐、胡椒粉调味即可(图 2-4-15)。

❺ **注意事项**　主要用于冷的鱼类和鸡蛋类菜肴或油醋腌蔬菜。

图 2-4-13

图 2-4-14

图 2-4-15

任务五 调味汁的制作

任务目标

1. 熟悉并掌握调味汁的原料组成及特点。
2. 熟悉并掌握调味汁的制作方法。
3. 掌握调味汁的衍生酱汁的制作方法。

任务实施

一、油醋汁的制作

（一）目的

了解和掌握油醋汁的制作方法及油醋汁原料的加工处理。

（二）原料

色拉油 100 mL、白酒醋 30 g、法式芥末 15 g、洋葱碎 20 g、胡椒粉适量、盐适量(图 2-5-1)。

（三）用具

砧板、厨刀、陶瓷碗、搅拌器、打蛋器等。

（四）操作步骤

（1）将白酒醋和法式芥末放入碗内，加入盐和胡椒粉，搅拌、混合至浓稠(图 2-5-2)。

图 2-5-1

图 2-5-2

（2）慢慢将色拉油不断地加入搅拌至光滑、浓稠、均匀(图 2-5-3)。

（3）最后加入盐、胡椒粉调味即可(图 2-5-4)。

图 2-5-3

图 2-5-4

（五）注意事项

油醋汁中的油醋比例为 4∶1 或 3∶1，先放醋，后放油。

二、薄荷少司的制作

（一）目的

了解和掌握薄荷少司的制作方法及原料的加工处理。

（二）原料

薄荷叶蓉 50 g、白醋 250 mL、柠檬半个、白砂糖 100 g 等(图 2-5-5)。

（三）用具

砧板、厨刀、陶瓷碗、搅拌器、打蛋器等。

（四）操作步骤

（1）将白醋、柠檬汁与白砂糖同煮，至砂糖溶化（图 2-5-6）。

图 2-5-5

图 2-5-6

（2）把煮好的汁液倒入薄荷叶蓉里，搅拌均匀（图 2-5-7）。

（3）最后加入盐、胡椒粉调味即可（图 2-5-8）。

图 2-5-7

图 2-5-8

（五）注意事项

主要用于烧烤羊肉类菜肴。

项目三

蔬菜

项目导读

各类蔬菜是西餐菜肴的重要配菜，因为其种类的多样性、营养的丰富性、色彩的艳丽性、鲜味的充足性，越来越受到人们的欢迎，同时还为菜单增加优雅性和适度的复杂性。蔬菜的不易储藏性使之变得容易腐烂，因此需要精心处理。新鲜的蔬菜具有强烈的吸引力和最丰富的特征，需要厨师格外小心。采用正确的制备方法，其目的就是保持和加强蔬菜的色泽、质地、营养和鲜味。

视频：蔬菜的制备

项目目标

学完项目三我们将可以达到以下目标：

1. 能够根据蔬菜的色泽、外观、质地、口感等与其他蔬菜的搭配；辨别蔬菜的质量。
2. 能够了解对于新鲜蔬菜，要预先进行的准备工作。
3. 能够正确保存新鲜蔬菜和经制备的蔬菜。
4. 能够根据蔬菜摘除物的量计算蔬菜的制作量。

任务一　叶类蔬菜的制备

任务目标

1. 熟悉并掌握各种叶类（蔬菜）的选择。
2. 熟悉并掌握各种叶类（蔬菜）的制备方法。

Note

任务实施

一、生菜的制备

(一) 目的

了解和掌握生菜的制作方法及生菜的加工处理。

(二) 原料

生菜。

(三) 用具

砧板、厨刀、陶瓷盘、沥水器等。

(四) 操作步骤

(1) 将损坏的叶片去除,去除硬心(图 3-1-1、图 3-1-2)。

图 3-1-1

图 3-1-2

(2) 将叶片放在水龙头下冲洗,再放入冷水盆中浸泡 5 分钟(图 3-1-3)。

(3) 将叶片放入沥水器沥干水,然后放入冰箱里冷藏 30 分钟,让叶片变脆嫩(图 3-1-4)。

图 3-1-3

图 3-1-4

（五）注意事项

叶片需要沥干水，否则会稀释调味汁。

二、卷心菜的制备

（一）目的

了解和掌握卷心菜的制作方法及卷心菜的加工处理。

（二）原料

卷心菜。

（三）用具

砧板、厨刀、陶瓷碗等。

（四）操作步骤

（1）将损坏的叶片去除，切成四等份，去除硬心（图 3-1-5、图 3-1-6）。

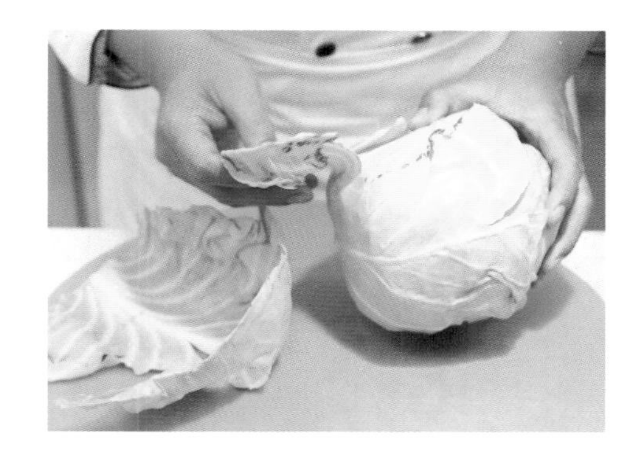

图 3-1-5

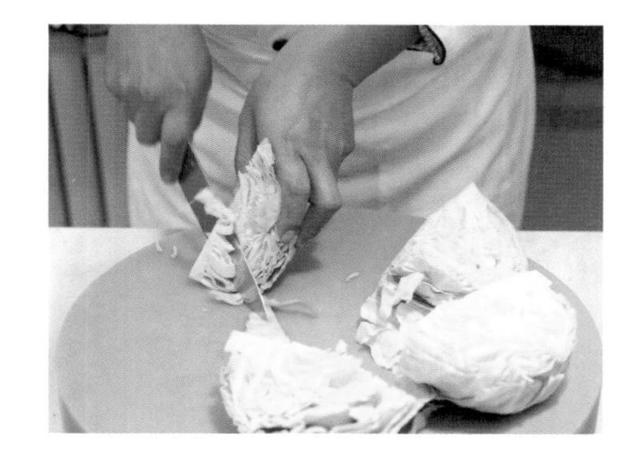

图 3-1-6

（2）将四等份的卷心菜切丝（图 3-1-7）。

图 3-1-7

（3）将卷心菜放入冰箱里冷藏 30 分钟，让叶片变脆嫩。

（五）注意事项

可以将红酒醋倒在卷心菜丝上，混合均匀，静置5～10分钟，然后沥净红酒醋备用。

三、菠菜的制备

（一）目的

了解和掌握菠菜的制作方法及菠菜的加工处理。

（二）原料

菠菜。

（三）用具

砧板、厨刀、陶瓷碗等。

（四）操作步骤

（1）将洗好的菠菜叶对折，去掉叶柄筋脉（图3-1-8）。

（2）将处理好的菠菜叶卷起来（图3-1-9）。

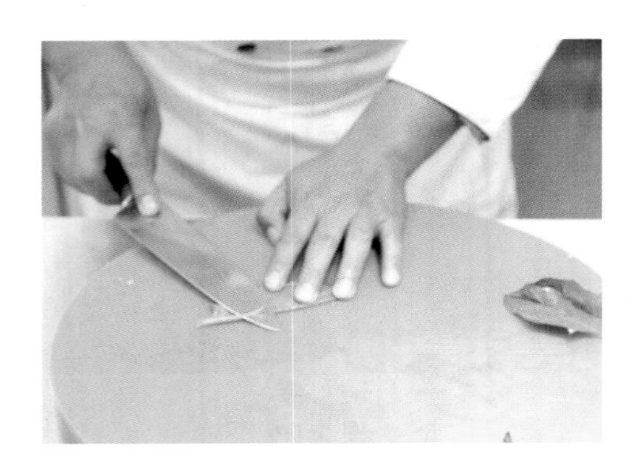

图 3-1-8

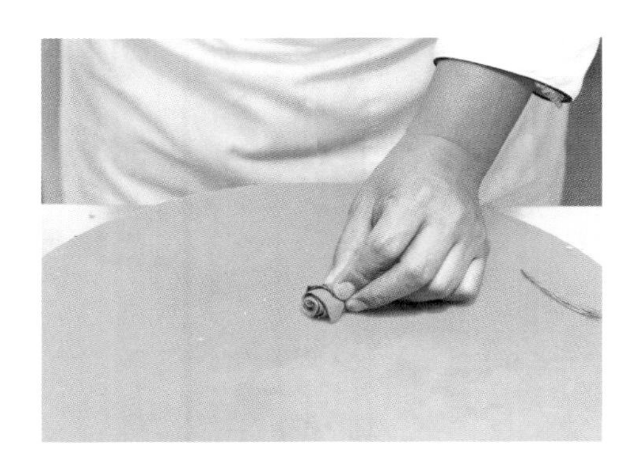

图 3-1-9

（3）将卷好的菠菜卷切成细丝，然后放入冰箱里冷藏30分钟，让叶片变脆嫩（图3-1-10）。

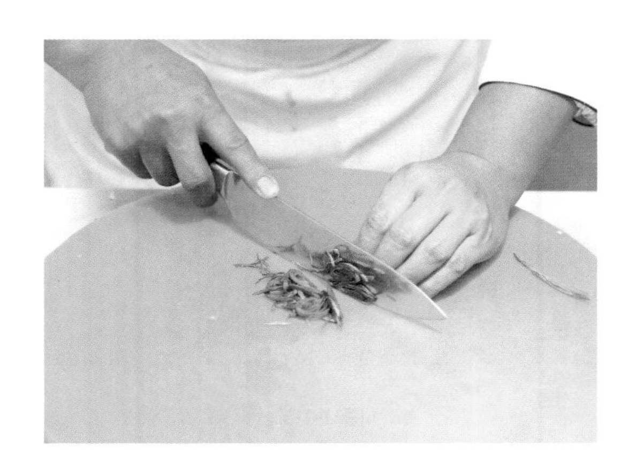

图 3-1-10

（五）注意事项

菠菜叶需要在使用前用水彻底清洗干净，除去表面的泥土等污迹。

任务二　根菜与块根菜的制备

任务目标

1. 熟悉并掌握各种根菜与块根菜原料的选择。
2. 熟悉并掌握各种根菜与块根菜的制备方法。

任务实施

一、马铃薯的制备

（一）目的

了解和掌握马铃薯的制作方法及马铃薯的加工处理。

（二）原料

马铃薯。

（三）用具

砧板、厨刀、陶瓷碗、刷子、手刀、刮刀器等。

（四）操作步骤

（1）擦洗：将马铃薯在冷水下冲洗，剜去牙眼，用毛刷刷洗干净（图 3-2-1）。

（2）切制“橄榄球”的步骤：将马铃薯分成四等份，再削掉边角，使其呈橄榄型（图 3-2-2）。

图 3-2-1

图 3-2-2

(3) 切制薯条的操作步骤:先用手刀或刮刀器制成 1 cm 厚片,再切成截面成 $1\ cm^2$ 的条(图 3-2-3)。

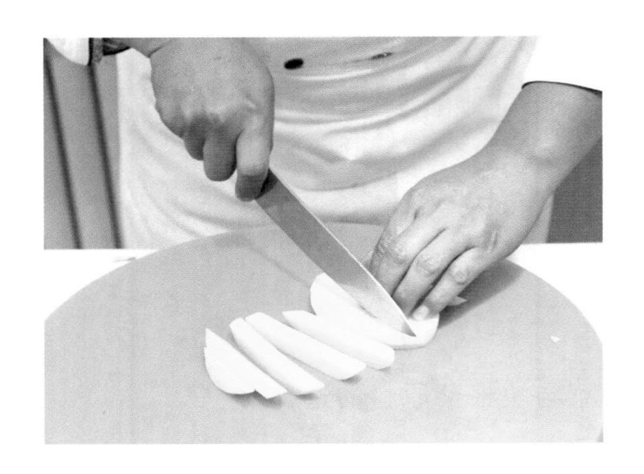

图 3-2-3

(五) 注意事项

蜡质马铃薯水分含量高,淀粉含量少,适合炒、煮和制作沙拉,粉质马铃薯淀粉含量高,适合做泥或用来焗烤。

二、胡萝卜的制备

(一) 目的

了解和掌握胡萝卜的制作方法及胡萝卜的加工处理。

(二) 原料

胡萝卜。

(三) 用具

砧板、厨刀、陶瓷碗等。

(四) 操作步骤

(1) 切丝:去皮的胡萝卜切片,再切成均匀的丝(图 3-2-4)。

(2) 滚刀块:将去皮的胡萝卜,先呈 45°角切下,再滚动 90°,呈 45°角切下,重复切割,直至切完(图 3-2-5)。

(3) 切丁:去皮的胡萝卜切片,再切成均匀的粗条,再垂直切成大小均匀的丁(图 3-2-6)。

(五) 注意事项

注意胡萝卜的大小及种类的不同。

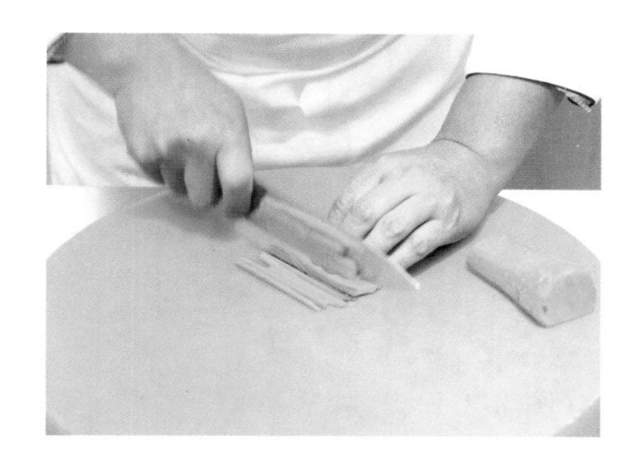

图 3-2-4

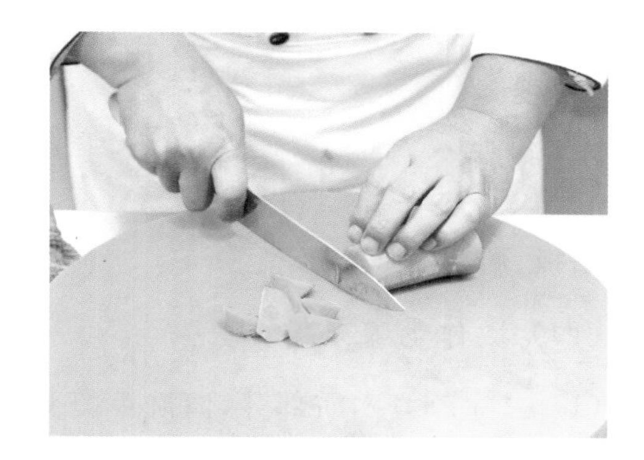

图 3-2-5

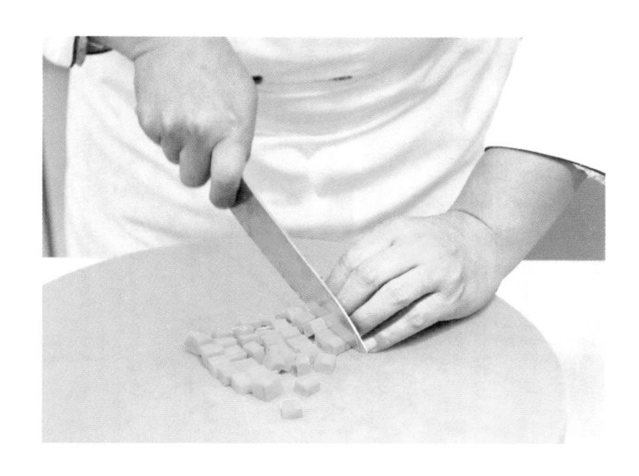

图 3-2-6

任务三　茎类蔬菜的制备

任务目标

1. 熟悉并掌握各种茎类蔬菜的选择。
2. 熟悉并掌握各种茎类蔬菜的制备方法。

任务实施

一、芦笋的制备

（一）目的

了解和掌握芦笋的制作方法及芦笋的加工处理。

（二）原料

芦笋。

（三）用具

砧板、厨刀、削皮刀等。

（四）操作步骤

（1）去除芦笋木质部分，清洗芦笋头部，去除污物（图 3-3-1）。

（2）用削皮刀削去后段的厚皮（图 3-3-2）。

图 3-3-1

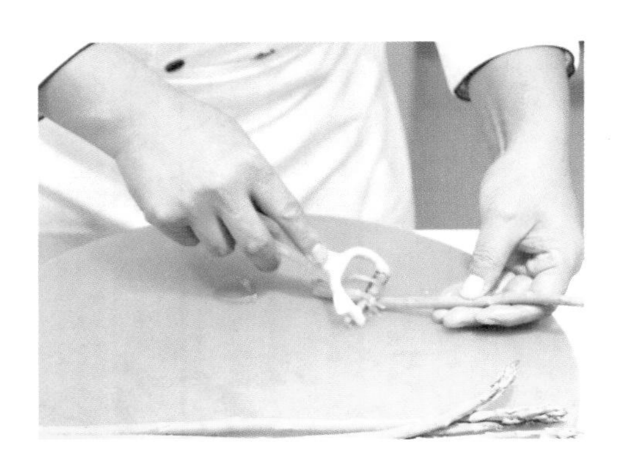

图 3-3-2

（3）削去芦笋尖外侧的叶片（图 3-3-3）。

（4）把芦笋捆成一束备用（图 3-3-4）。

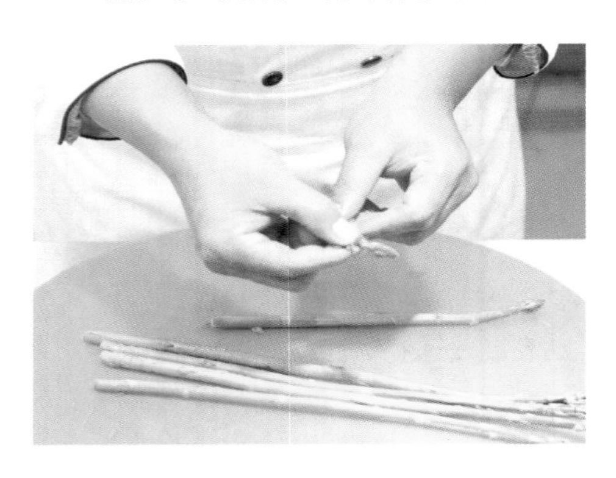

图 3-3-3

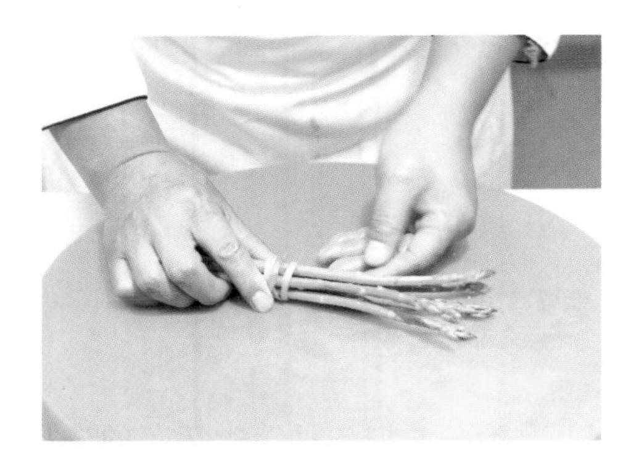

图 3-3-4

（五）注意事项

优质的芦笋大小均匀，茎部平滑，笋尖紧密。

二、芹菜的制备

（一）目的

了解和掌握芹菜的制作方法及芹菜的加工处理。

（二）原料

芹菜。

（三）用具

砧板、厨刀、削皮刀、陶瓷碗等。

（四）操作步骤

（1）去除头部和根部，摘去绿叶（图 3-3-5）。

（2）削去外皮的筋膜（图 3-3-6）。

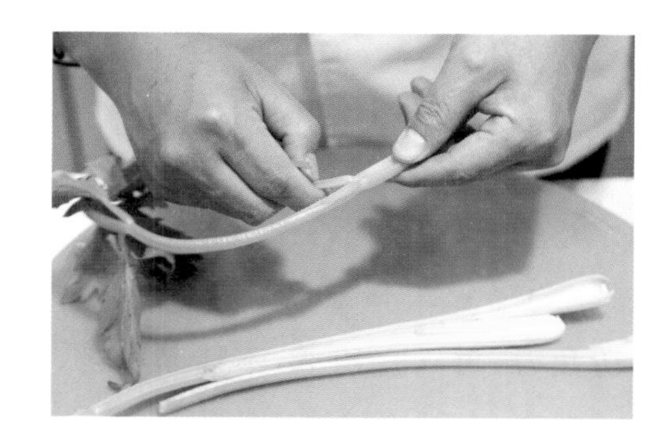

图 3-3-5

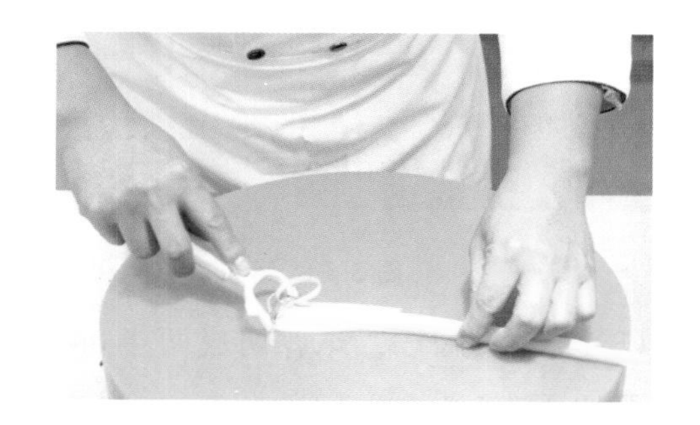

图 3-3-6

（3）切成条状备用（图 3-3-7）。

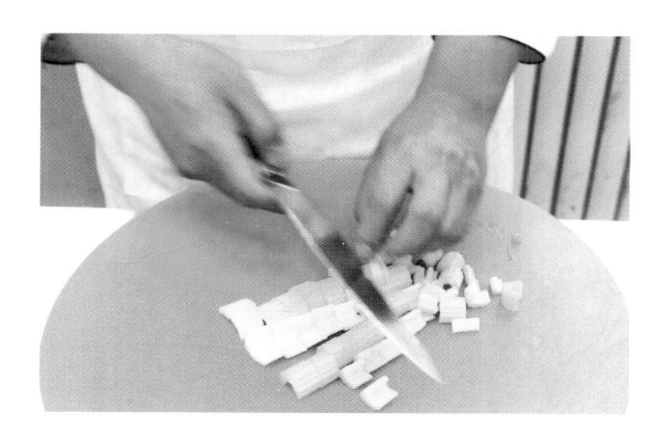

图 3-3-7

（五）注意事项

只使用脆嫩、易折断的芹菜。

三、洋葱的制备

（一）目的

了解和掌握洋葱的制作方法及洋葱的加工处理。

（二）原料

洋葱。

（三）用具

砧板、厨刀、陶瓷碗等。

（四）操作步骤

(1) 洋葱去皮，去头去根（图 3-3-8）。

(2) 洋葱切丝：洋葱切成两半，顺方向顶刀切丝（图 3-3-9）。

图 3-3-8

图 3-3-9

(3) 洋葱切丁末：洋葱切成两半，切面朝下，水平切几刀，再垂直切下，不切断根部，然后再顶刀切丁末（图 3-3-10）。

图 3-3-10

（五）注意事项

减弱洋葱刺激性气味的方法：①切洋葱前可低温储藏一段时间；②切制时用嘴呼吸，禁用鼻子呼吸。

任务四 蘑菇菌类与豆荚种子类蔬菜的制备

任务目标

1. 熟悉并掌握各种蘑菇菌类与豆荚种子类蔬菜的选择。

2. 熟悉并掌握各种蘑菇菌类与豆荚种子类蔬菜的制备方法。

任务实施

一、蘑菇的制备

(一) 目的

了解和掌握蘑菇的制作方法及蘑菇的加工处理。

(二) 原料

蘑菇。

(三) 用具

砧板、厨刀、陶瓷碗等。

(四) 操作步骤

(1) 洗净后,去除菇蒂(图 3-4-1)。

(2) 蘑菇切片:菇蒂朝下,用刀切成片(图 3-4-2)。

图 3-4-1

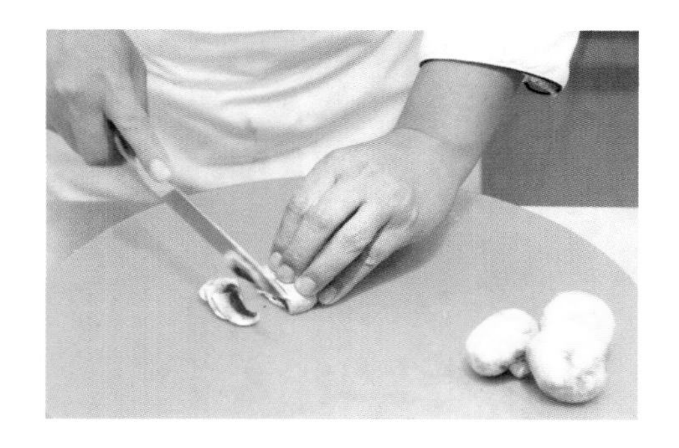

图 3-4-2

(3) 蘑菇切碎:一只手握刀柄,另一只手压住刀尖,快速切成蘑菇碎(图 3-4-3)。

图 3-4-3

（五）注意事项

蘑菇可以生食或熟食，亦可以切半、切块。

二、甜玉米的制备

（一）目的

了解和掌握甜玉米的制作方法及甜玉米的加工处理。

（二）原料

甜玉米。

（三）用具

砧板、厨刀、陶瓷碗等。

（四）操作步骤

（1）剥去鲜甜玉米的外皮，去除玉米须（图 3-4-4）。

（2）用刀将玉米粒切割下来备用（图 3-4-5）。

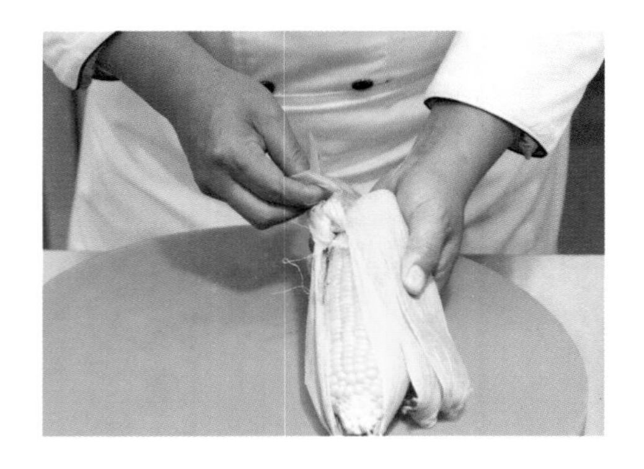

图 3-4-4

图 3-4-5

（五）注意事项

玉米可煮、可烧烤。

三、番茄的制备

（一）目的

了解和掌握番茄的制作方法及番茄的加工处理。

（二）原料

番茄。

（三）用具

砧板、厨刀、陶瓷碗等。

（四）操作步骤

（1）在洗净后的番茄顶端划十字刀，放入开水中烫 15 秒捞出，用冰水过冷，捞出番茄去皮备用（图 3-4-6）。

（2）将番茄切成两半，用手挤出番茄籽（图 3-4-7）。

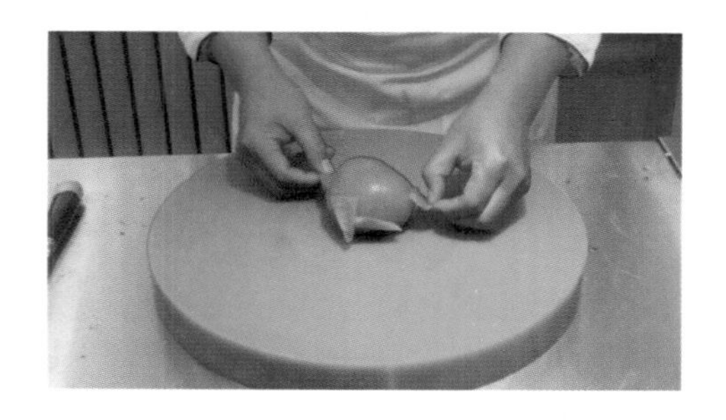

图 3-4-6

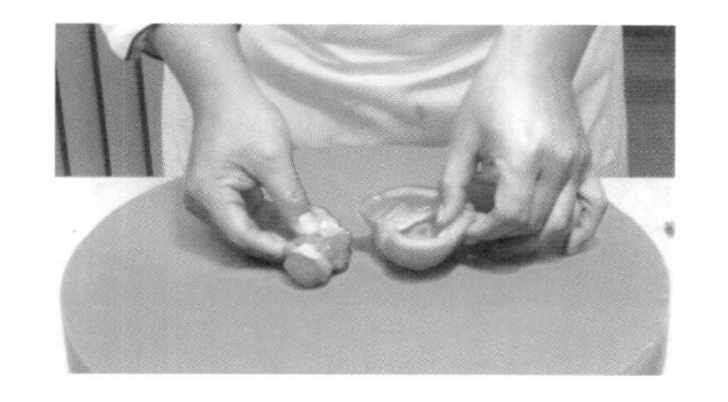

图 3-4-7

（3）再将番茄切成条后切成碎块（图 3-4-8）。

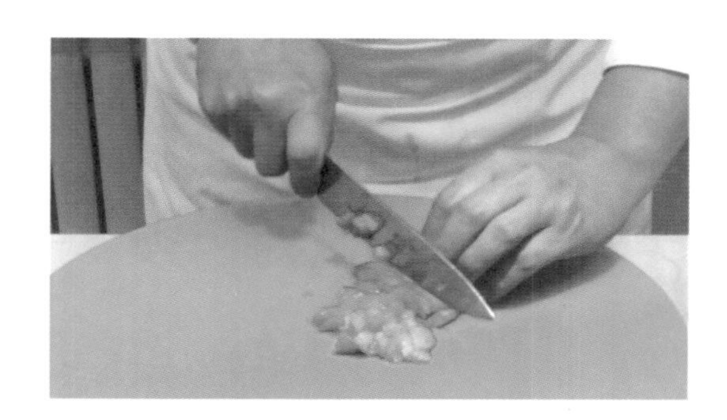

图 3-4-8

（五）注意事项

番茄亦可以生食或带皮烤。

四、辣椒的制备

（一）目的

了解和掌握辣椒的制作方法及辣椒的加工处理。

（二）原料

辣椒。

（三）用具

砧板、厨刀、陶瓷碗等。

（四）操作步骤

（1）辣椒去除根蒂（图 3-4-9）。

（2）压平辣椒，纵切成丝，再切成丁末（图 3-4-10）。

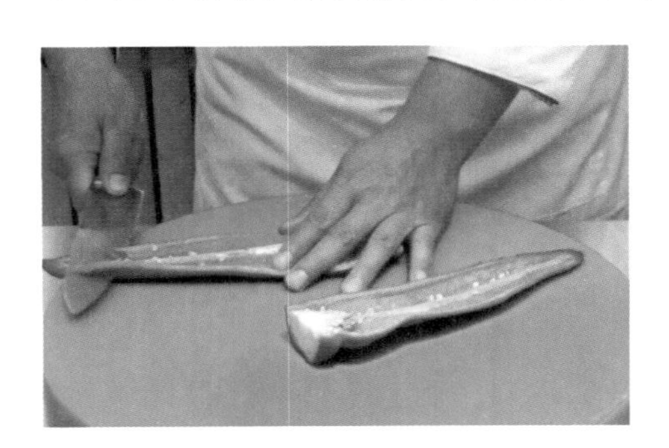

图 3-4-9

图 3-4-10

（五）注意事项

辣椒分为甜辣椒和辣椒两类，味道不同，可以生食或熟食。

禽类

项目导读

禽类原料是西餐中使用最为广泛的原料之一，因其具有多用性、普遍性和成本的低廉性，使得高中低各种档次的餐厅争相使用。同时因为禽类含有较低的脂肪和胆固醇，成为运动健身人员的最为喜爱的补充优质蛋白质的来源。禽类原料的学习难度相对于牛羊肉而言相对简单，其体积较小，分割的块数也比较少。禽类的肌肉与牛羊肉在组成上基本相同，某些禽类的肉质与牛羊肉的色泽和质感上没有太大的差异，在烹调中可以相互替代。一道美味的菜肴可以通过相互替代原料制作出来，这样相对可以节省菜品的成本。

项目目标

学完项目四我们将可以达到以下目标：

1. 能够学会烹调前对整只禽类进行捆扎。
2. 能够对各种禽类进行分块处理。
3. 能够用炒、煎、扒等方法烹制禽类。
4. 能够用文火煮制的方法制作禽类。

任务一 整只禽类的制备

任务目标

熟悉并掌握整只禽类的制备方法，如捆绑等。

任务实施

一、目的

熟悉并掌握整只禽类的制备方法。

二、原料

整鸡。

三、用具

砧板、厨刀、棉线等。

四、操作步骤

(1) 胸脯朝上，棉线在腿部捆一圈，再从臀下绕一圈，捆绑结实(图 4-1-1)。

(2) 将棉线从大腿下朝身体两侧拉紧过去(图 4-1-2)。

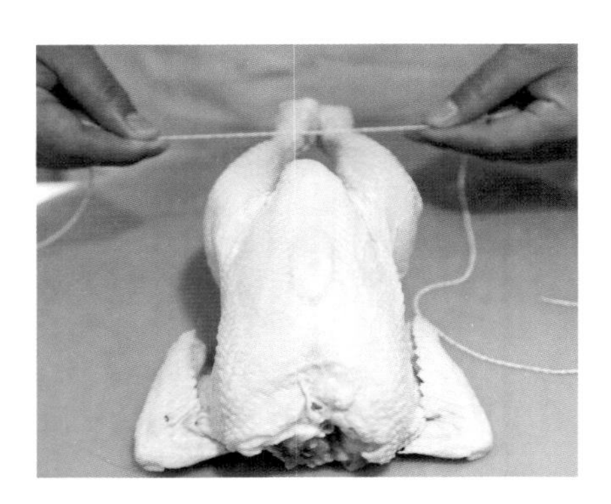

图 4-1-1

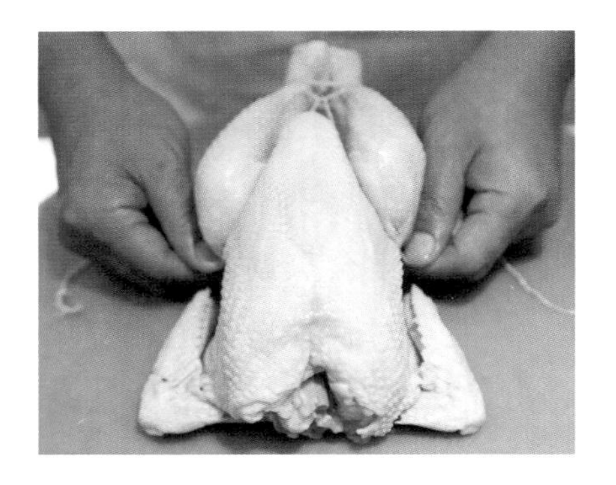

图 4-1-2

(3) 反过来从身体中间捆过，再绕到翅膀，使翅膀与身体平齐，并捆绑结实备用(图 4-1-3、图 4-1-4)。

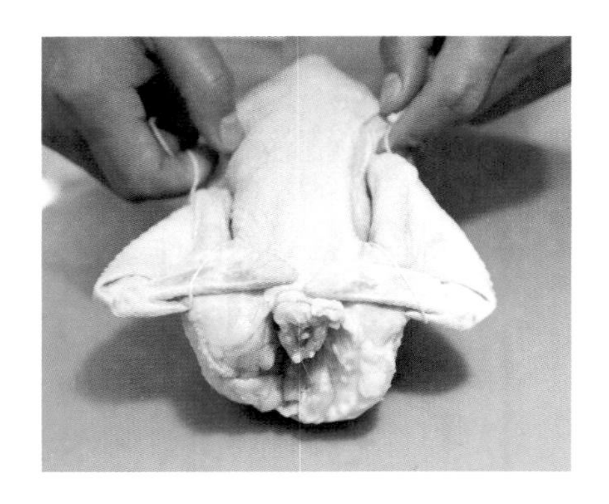

图 4-1-3

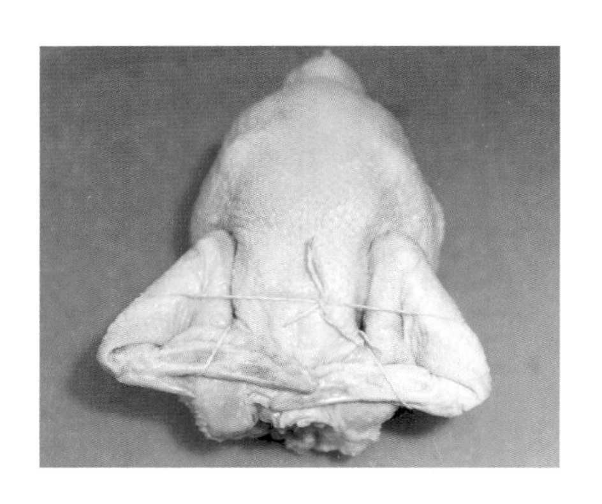

图 4-1-4

五、注意事项

在开始捆绑前，将翅尖塞到脖子下面，并将脖子的皮向下拉。

任务二 禽类的分割与切块

任务目标

熟悉并掌握不同禽类分割与切块的方法。

任务实施

一、鸡的分割与切块

（一）目的

熟悉并掌握鸡的分割与切块的方法。

（二）原料

整鸡。

（三）用具

砧板、厨刀等。

（四）操作步骤

（1）鸡胸脯朝上，用刀将鸡腿从鸡内侧关节处切割下来（图 4-2-1）。

（2）用刀沿鸡胸切开，并沿脊柱切割，使鸡分成两部分（图 4-2-2）。

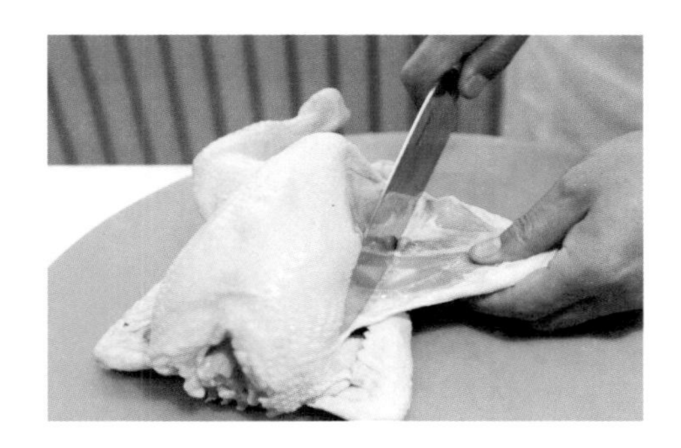

图 4-2-1

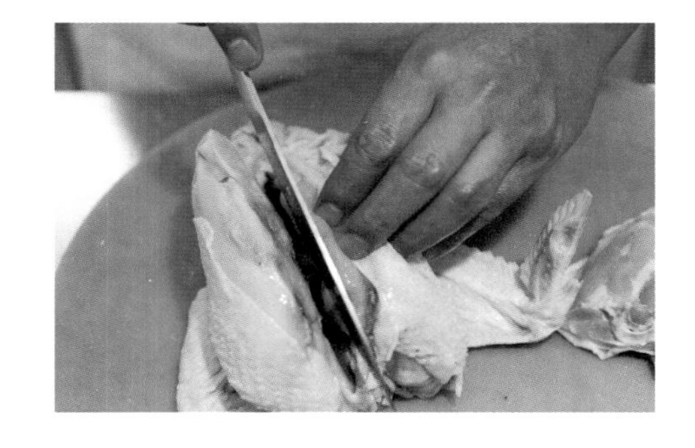

图 4-2-2

（3）切下鸡脊柱，可做鸡高汤（图 4-2-3）。

(4) 切割鸡胸脯肉，分成两部分，其中一部分连着鸡翅(图 4-2-4)。

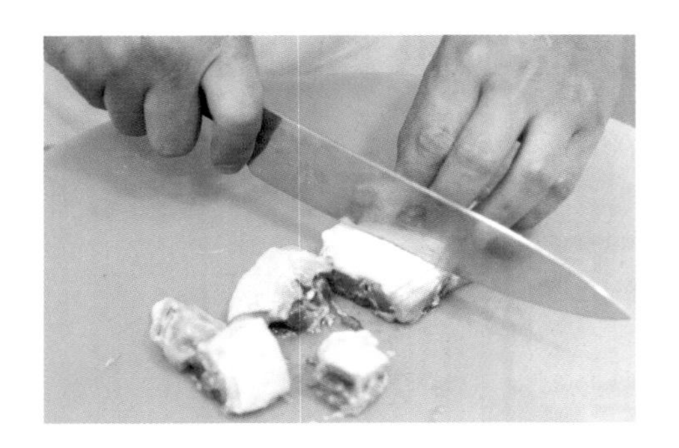

图 4-2-3

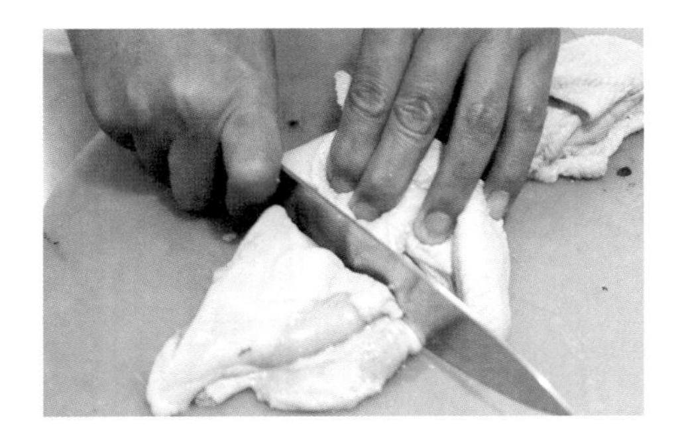

图 4-2-4

(5) 将鸡腿沿腿部关节切割成两部分(图 4-2-5、图 4-2-6)。

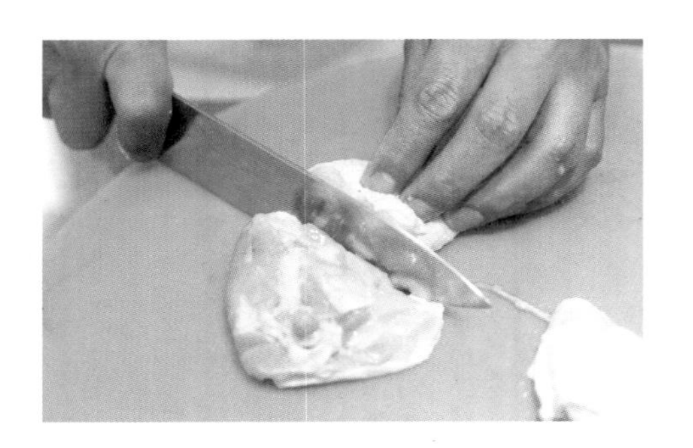

图 4-2-5

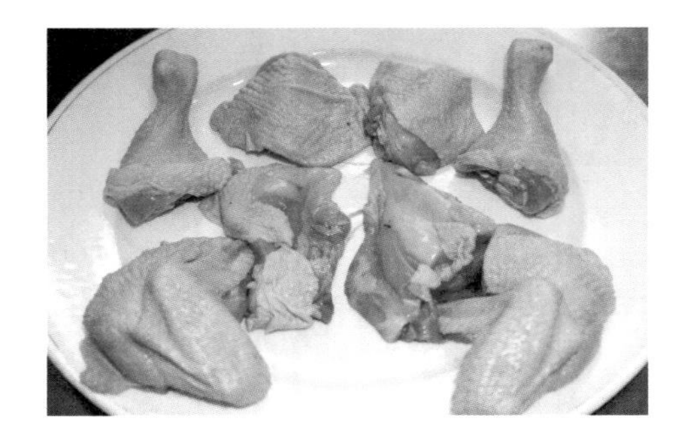

图 4-2-6

(五) 注意事项

鸡胸脯肉其中一部分必须连着鸡翅。

二、鸭的分割与切块

(一) 目的

熟悉并掌握鸭的分割与切块的方法。

(二) 原料

鸭子。

(三) 用具

砧板、厨刀等。

(四) 操作步骤

(1) 鸭胸脯朝上，从尾部切割至颈部(图 4-2-7、图 4-2-8)。

(2) 用刀沿鸭胸切开，并沿脊柱切割，使鸭分成两部分(图 4-2-9)。

(3) 切下鸭脊柱，可做鸭高汤(图 4-2-10)。

(4) 切割鸭胸脯肉，分成两部分，其中一部分连着鸭翅(图 4-2-11、图 4-2-12)。

图 4-2-7

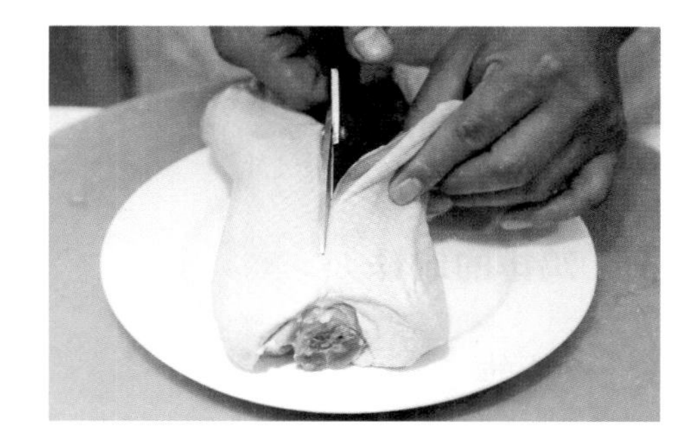

图 4-2-8

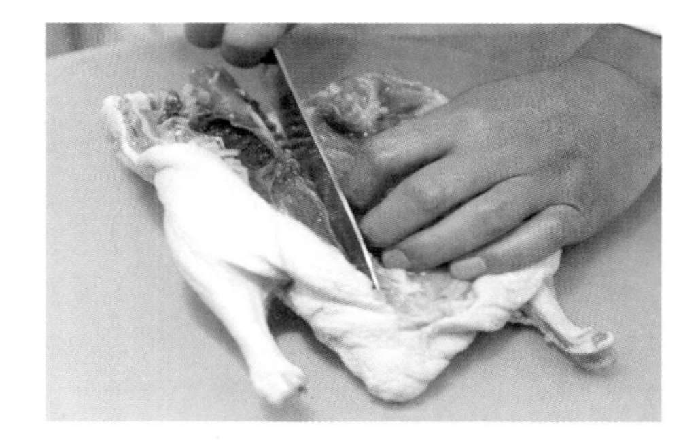

图 4-2-9

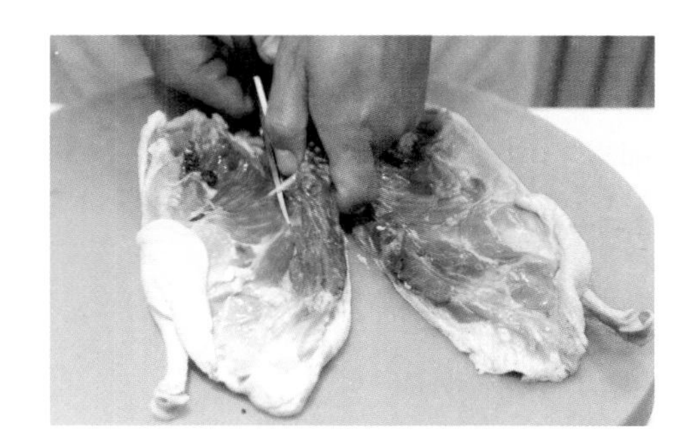

图 4-2-10

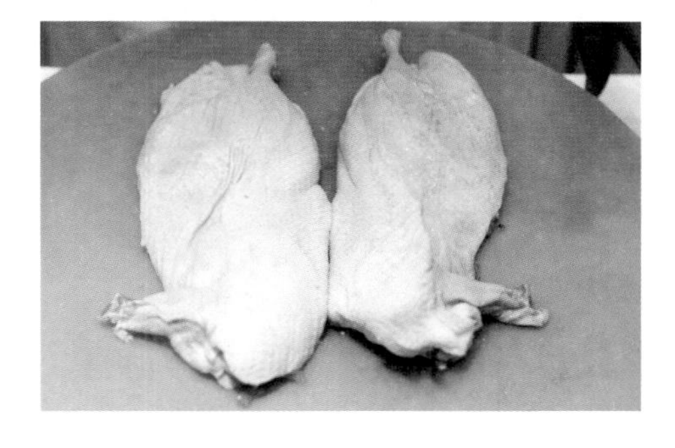

图 4-2-11

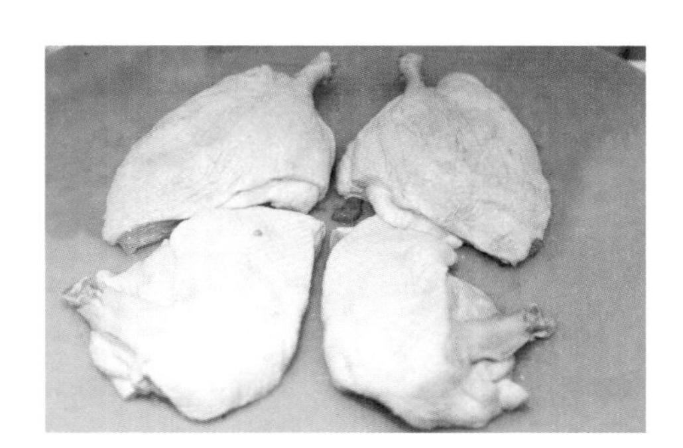

图 4-2-12

（五）注意事项

切块的鸭子可以烤或者炖制。

任务三 禽类的烹调

任务目标

1. 学会选用合适的烹调方法烹制禽类。
2. 熟悉并掌握煎、炒、炸、煮、铁扒、烧烤等技法的特点与运用。

任务实施

一、鸡排的制作

(一) 目的

熟悉和掌握鸡胸脯肉鸡排的制作方法和流程。

(二) 原料

鸡胸脯肉 200 g、鸡蛋 2 个、面粉 50 g、褐色酱汁 100 mL、干红葡萄酒 50 mL、蘑菇片 30 g、奶油 30 mL、盐适量、胡椒粉适量。部分原料准备见图 4-3-1。

(三) 用具

砧板、厨刀、煎锅、食物夹等。

(四) 操作步骤

(1) 鸡胸脯肉片成大片，加入盐、胡椒粉、干红葡萄酒腌制(图 4-3-2)。

图 4-3-1

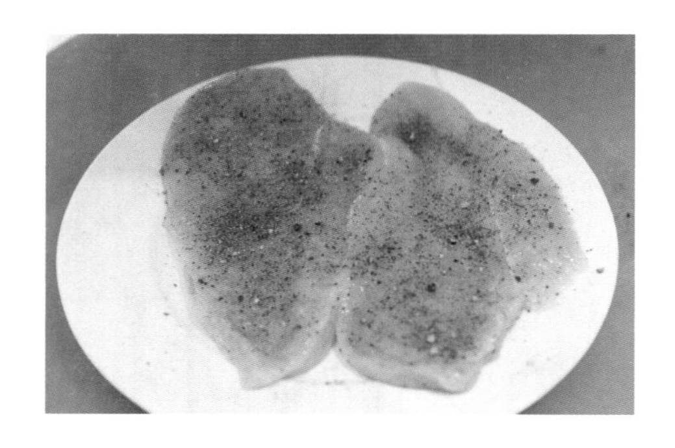

图 4-3-2

(2) 鸡胸脯肉蘸上一层干面粉，挂上蛋液，将其放入煎锅，煎至两面金黄(图 4-3-3)。

(3) 将褐色酱汁、干红葡萄酒、蘑菇片加热并搅拌均匀，加入盐、胡椒粉调味(图 4-3-4)。

图 4-3-3

图 4-3-4

(4) 将煎好的鸡胸脯肉放入盘中，装饰即可(图 4-3-5)。

图 4-3-5

（五）注意事项

煎鸡排时油温不宜过高，防止破损、不完整。

二、铁扒鸡肉串的制作

视频：铁扒鸡肉串的制作

（一）目的

熟悉和掌握铁扒鸡肉串的制作方法和流程。

（二）原料

鸡腿肉 200 g、洋葱片 50 g、青椒块 50 g、红椒块 50 g、盐适量、黑胡椒碎适量、食用油 50 g（图 4-3-6）。

（三）用具

扒炉、砧板、厨刀、食物夹等。

（四）操作步骤

（1）鸡腿肉去大骨（图 4-3-7）。

图 4-3-6

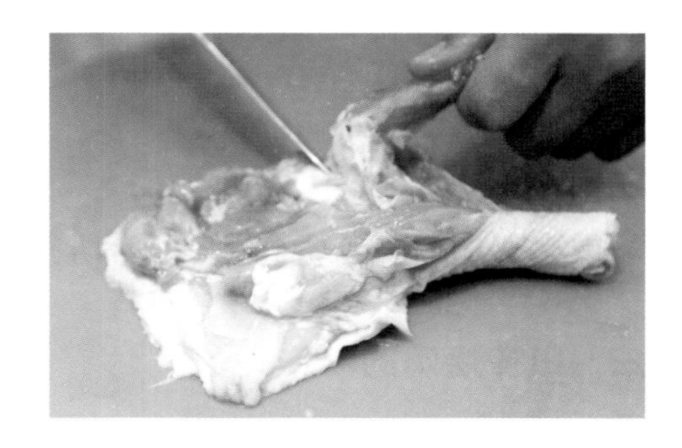

图 4-3-7

（2）将鸡腿肉切块，放入盐、黑胡椒碎腌制入味，将腌制好的肉块与蔬菜间隔穿到竹签上（图 4-3-8、图 4-3-9）。

（3）把穿好的鸡肉串放在扒炉架上，不时翻转肉串，防止变干变焦（图 4-3-10、图 4-3-11）。

图 4-3-8

图 4-3-9

图 4-3-10

图 4-3-11

（4）扒好的鸡肉串装盘即可(图 4-3-12)。

图 4-3-12

（五）注意事项

鸡肉串扒制时注意温度和时间，防止变干变老。

三、白汁烩鸡的制作

（一）目的

熟悉和掌握大型鸡块的烩制方法和流程。

（二）原料

整鸡 1 只、黄油 50 g、面粉 40 g、蛋黄 2 个、鸡肉高汤 500 mL、奶油 100 mL、白葡萄酒 50

mL、柠檬汁适量、法香碎适量、胡椒粉适量、盐适量。

（三）用具

汤锅、平底锅、砧板、厨刀等。

（四）操作步骤

（1）整鸡分成大块，并用盐、胡椒粉、白葡萄酒腌制（图 4-3-13、图 4-3-14）。

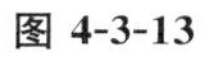

图 4-3-13

图 4-3-14

（2）将部分黄油加热，放入鸡块焖制 3 分钟，不要上色（图 4-3-15）。

（3）锅内放面粉炒香，加入剩下黄油，炒松散，加入鸡肉高汤，搅拌均匀（图 4-3-16）。

图 4-3-15

图 4-3-16

（4）将鸡块放入汤汁中，小火微沸，煮制成熟（图 4-3-17）。

（5）将黄油和蛋黄混合，搅拌均匀（图 4-3-18）。

图 4-3-17

图 4-3-18

（6）将鸡块取出，过滤汤汁；将混合蛋黄缓缓加入汤汁，放入鸡块，加入柠檬汁、盐、胡椒

粉调味，并煮透(图 4-3-19、图 4-3-20)。

图 4-3-19

图 4-3-20

(7) 将鸡块放入盘中，淋汁，装盘即可(图 4-3-21)。

图 4-3-21

(五) 注意事项

为了让鸡块更入味，可让鸡块在炖锅中放置一晚，上菜前再重新加热。

牛肉、羊肉、猪肉

项目导读

各种肉类是西餐中最主要的原料，厨师和餐饮企业往往会花费大量的时间和金钱在肉类食品的制作上。对各种肉类原料进行深刻的理解以便制作出更加美味的且具有更大利润的菜肴是非常重要的。本项目主要从基本烹调方法的运用上对牛肉、羊肉、猪肉的烹调进行学习。大家在学习此类菜肴时应该考虑的不仅仅是当前的菜品，更应该从该菜品的烹调中总结出规律和方法，以应用到烹制别的菜品中。同时注意不同种类肉的烹制方法，注意它们之间的相同点和不同点，这样才能真正学会烹调。

项目目标

学完项目五我们将可以达到以下目标：

1. 能够区分牛肉、羊肉和猪肉的基本切法。
2. 能够根据肉的老嫩程度和其他特性，针对不同切法而采取不同的烹调方法。
3. 能够使用炒、铁扒、炸等多种烹调方法来烹制各种肉类。
4. 能够使用烤、煨炖等烹调方法来烹制肉类。

任务一 牛肉的烹调

任务目标

1. 熟悉牛肉烹调前的准备。
2. 熟悉牛肉快速烹调法。
3. 熟悉牛肉慢火烹调法。

任务实施

一、牛肉烹调前的制备

本任务主要介绍牛排的制备。

(一) 目的

熟悉和掌握牛排的制作方法和流程。

(二) 原料

牛排。

(三) 用具

砧板、厨刀等。

(四) 操作步骤

(1) 用厨刀修剪牛排上多余的脂肪,剩下的脂肪附着在牛肉边缘(图 5-1-1)。

(2) 用厨刀断开脂肪即可(图 5-1-2)。

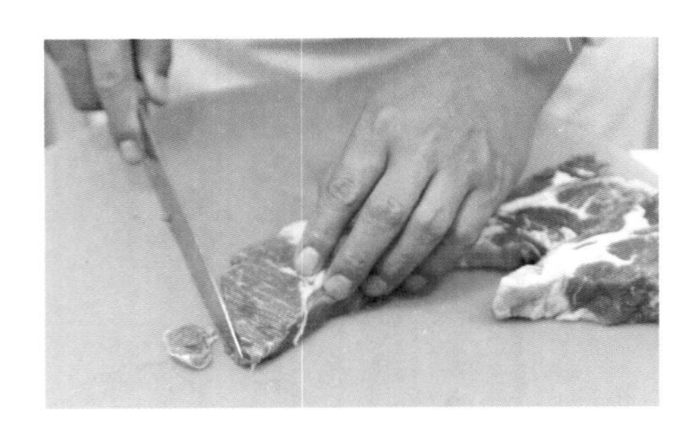

图 5-1-1

图 5-1-2

(五) 注意事项

牛排加热前需要修剪和整理,等距离切断脂肪可以防止煎时卷边。

二、牛肉的快速烹调法

视频:墨西哥牛肉卷的制作

(一) 墨西哥牛肉卷的制作

❶ **目的** 熟悉和掌握墨西哥牛肉卷的制作方法和流程。

❷ **原料** 牛肉条 100 g、辣椒油 20 g、柠檬汁 20 g、黑胡椒碎 15 g、青红椒各 20 g、面饼 100 g、盐适量(图 5-1-3)。

❸ **用具** 砧板、厨刀、扒炉等。

❹ **操作步骤**

(1) 将牛肉切条，用辣椒油、柠檬汁、黑胡椒碎腌制，并放入冰箱中冷藏 1 小时，备用(图 5-1-4)。

图 5-1-3

图 5-1-4

(2) 将扒炉上刷油，放上牛肉条和青红椒扒制成熟(图 5-1-5)。

(3) 取一面饼，把扒好的牛肉条和青红椒调味，并放到面饼上卷起即可(图 5-1-6)。

图 5-1-5

图 5-1-6

❺ **注意事项**　墨西哥菜中常用煎的方法来制作牛肉。

(二) 铁扒牛排的制作

视频：铁扒牛排的制作

❶ **目的**　熟悉和掌握铁扒牛排的制作方法和流程。

❷ **原料**　牛排 1 块、大蒜碎 30 g、橄榄油 50 g、黑胡椒碎 30 g、盐适量等(图 5-1-7)。

❸ **用具**　扒炉、砧板、厨刀等。

❹ **操作步骤**

(1) 将扒炉预热，将预制的牛排放在扒炉上，刷上橄榄油、大蒜碎、黑胡椒碎(图 5-1-8)。

(2) 将牛排一面扒上色，翻转另外一面，再刷上混合料(图 5-1-9)。

(3) 根据所需要的成熟度，控制扒制温度(图 5-1-10)。

❺ **注意事项**　扒制的时间取决于扒炉的温度、火源的距离和牛排的厚度。

图 5-1-7

图 5-1-8

图 5-1-9

图 5-1-10

三、牛肉的慢火烹调法

视频：匈牙利烩牛肉的制作

（一）匈牙利烩牛肉的制作

❶ **目的** 熟悉和掌握匈牙利烩牛肉的制作方法和流程。

❷ **原料** 牛胸肉 200 g、洋葱块 100 g、辣椒粉 20 g、番茄酱 50 g、干红葡萄酒 50 mL、牛基础汤 750 mL、盐适量、胡椒粉适量、面粉适量等（图 5-1-11）。

❸ **用具** 砧板、厨刀、煎锅等。

❹ **操作步骤**

（1）将牛胸肉切成 2 cm 见方的块，撒上盐、胡椒粉腌制。

（2）锅内放油加热，放入牛肉块煎上色（图 5-1-12），再加入洋葱块，炒至变软。

图 5-1-11

图 5-1-12

Note

（3）加入面粉炒香，再加入辣椒粉、番茄酱炒透，用盐、胡椒粉调味（图 5-1-13）。

图 5-1-13

（4）加入牛基础汤，浸没原料，搅拌均匀，烹入干红葡萄酒，煮沸，小火烧至酥软，盛入盘中装饰即可（图 5-1-14、图 5-1-15）。

图 5-1-14

图 5-1-15

❺ **注意事项**　烩制菜肴时要保持汤汁的微沸状态，否则牛肉会干柴。

（二）白汁烩小牛肉的制作

视频：白汁烩小牛肉的制作

❶ **目的**　熟悉和掌握白汁烩小牛肉的制作方法和流程。

❷ **原料**　小牛肉 200 g、白蘑菇 100 g、洋葱 50 g、胡萝卜 50 g、香叶 10 g、百里香 5 g、黄油 50 g、面粉 50 g、牛基础汤 600 mL、奶油 100 mL、盐适量、胡椒粉适量等（图 5-1-16）。

❸ **用具**　砧板、厨刀、煎锅等。

❹ **操作步骤**

（1）将小牛肉切成 2 cm 见方的块，撒上盐、胡椒粉腌制；白蘑菇切块，洋葱切块、胡萝卜切块备用。

（2）锅内放油加热，放入小牛肉块煎上色，再加入洋葱块、胡萝卜块、香叶、百里香、水，加热至沸，再改小火微沸，煮至八成熟捞出备用（图 5-1-17、图 5-1-18）。

（3）黄油炒面粉，炒至松散，不要上色，再加入牛基础汤，搅拌均匀，加入奶油，搅匀备用（图 5-1-19）。

（4）将小牛肉和白蘑菇块放入上述酱汁内，烩制小牛肉至成熟，盛入盘中装饰即可（图 5-1-20、图 5-1-21）。

图 5-1-16

图 5-1-17

图 5-1-18

图 5-1-19

图 5-1-20

图 5-1-21

⑤ **注意事项**　烩制的过程需要加盖，防止水分蒸发过多。

任务二　羊肉的烹调

任务目标

1. 熟悉羊肉烹调前的准备。

2. 熟悉羊肉快速烹调法。

3. 熟悉羊肉慢火烹调法。

任务实施

一、羊肉烹调前的制备

本任务主要介绍羊排的制备。

（一）目的

熟悉和掌握羊排的制作方法和流程。

（二）原料

羊马鞍。

（三）用具

砧板、厨刀、剁骨刀等。

（四）操作步骤

（1）从距离肋骨边缘 5 cm 处切除外皮和肥肉（图 5-2-1）。

（2）将肉和薄膜从肋骨间切割下来即可（图 5-2-2）。

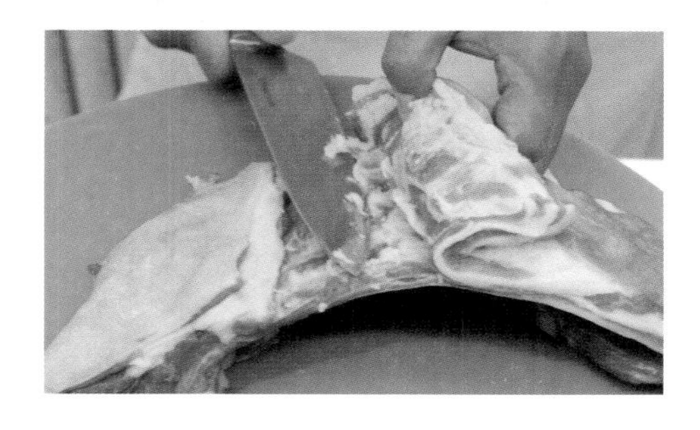

图 5-2-1

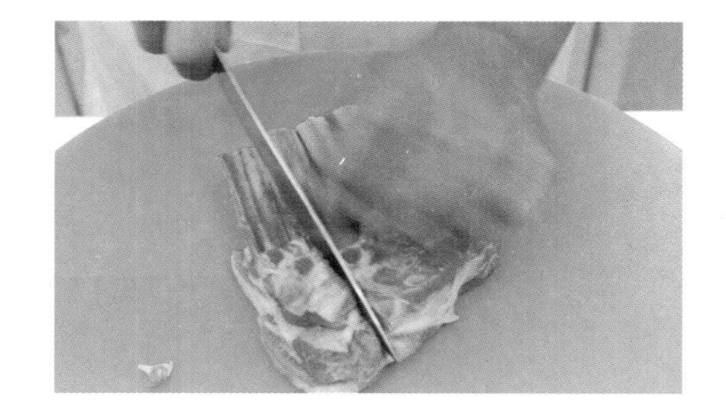

图 5-2-2

（3）按肋骨间隔切割成烹饪需要的羊排（图 5-2-3）。

图 5-2-3

（五）注意事项

在制备羊排前，切除外皮和肋部脂肪。

二、羊肉的快速烹调法

（一）煎羊排配芥末汁的制作

❶ **目的**　熟悉和掌握煎羊排的制作方法和流程。

❷ **原料**　羊排 1 块、面包粉 50 g、大蒜碎 10 g、法香碎 5 g、鸡蛋 1 个、芥末酱 1 支、白汁 250 mL、面粉适量、盐适量、胡椒粉适量等（图 5-2-4）。

❸ **用具**　煎锅、砧板、厨刀等。

❹ **操作步骤**

（1）羊排撒上盐、胡椒粉，抹上芥末酱调味腌制（图 5-2-5）。

图 5-2-4

图 5-2-5

（2）将面包粉、法香碎、大蒜碎混合均匀（图 5-2-6）。

图 5-2-6

（3）羊排蘸面粉，挂上蛋液，再蘸上面包粉混合物（图 5-2-7、图 5-2-8）。

（4）锅内放油将羊排煎至两面金黄色（图 5-2-9）。

（5）将羊排取出放入烤盘，烤至成熟（图 5-2-10）。

（6）白汁中加入芥末酱、盐、胡椒粉调味，将羊排放入盘中，装饰即可（图 5-2-11）。

❺ **注意事项**　煎制时需要油量稍大，温度不宜过高。

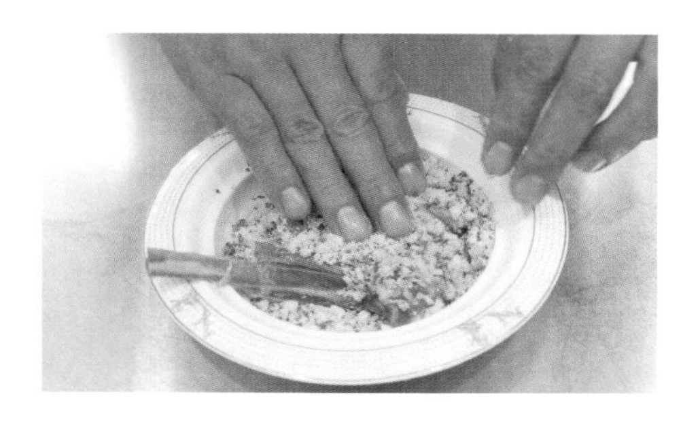

图 5-2-7

图 5-2-8

图 5-2-9

图 5-2-10

图 5-2-11

（二）铁扒羊排的制作

❶ **目的** 熟悉和掌握铁扒羊排的制作方法和流程。

❷ **原料** 羊排 100 g、法香碎 10 g、黄油 50 g、炸土豆条 50 g、番茄（铁扒）30 g、生菜 20 g、干白葡萄酒 50 mL、胡椒碎适量、盐适量（图 5-2-12）。

❸ **用具** 扒炉、砧板、厨刀等。

❹ **操作步骤**

（1）羊排撒上胡椒粉、盐、干白葡萄酒腌制（图 5-2-13）。

（2）将羊排放到扒炉上，扒制上色，备用（图 5-2-14）。

（3）把黄油和法香碎混合均匀，备用（图 5-2-15）。

（4）把法香碎、黄油混合物铺在盘底，放上羊排，配上土豆条、番茄即可（图 5-2-16）。

图 5-2-12

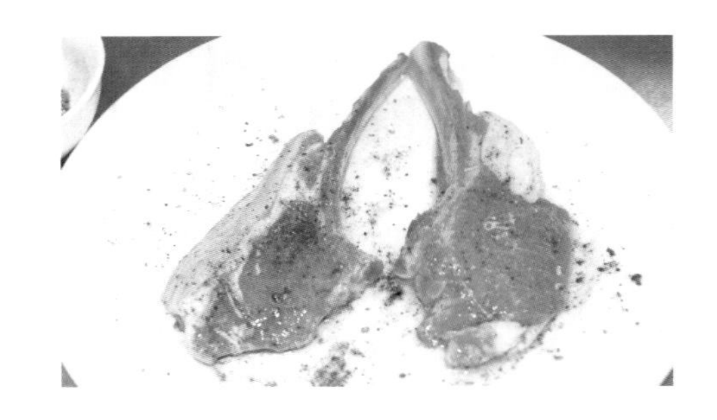

图 5-2-13

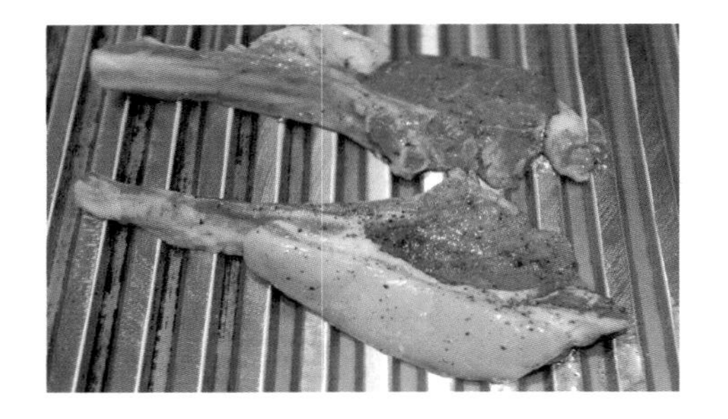

图 5-2-14

图 5-2-15

图 5-2-16

❺ **注意事项**　铁扒时应注意扒制的时间，防止羊肉变老、变干。

三、羊肉的慢火烹调法

（一）番茄红烩羊肉的制作

❶ **目的**　熟悉和掌握番茄红烩羊肉的制作方法和流程。

❷ **原料**　羊肋肉 200 g、圣女果 50 g、土豆块 30 g、洋葱块 30 g、大蒜 5 瓣、番茄酱 50 g、干红葡萄酒 50 mL、褐色高汤 500 mL、黄油 50 g、香叶适量、迷迭香适量、胡椒粉适量、盐适量（图 5-2-17）。

❸ **用具**　砧板、厨刀、煎锅等。

❹ **操作步骤**

（1）羊肋肉洗净切成 3 cm 见方，撒上盐、胡椒粉、干红葡萄酒腌制备用（图 5-2-18）。

图 5-2-17

图 5-2-18

(2) 锅内放油把羊肉块煎至上色，锅内放黄油加热，放入洋葱块、番茄酱、干红葡萄酒炒香，加入褐色高汤，放入羊肉块，大火烧开，撇去浮沫，转小火炖 40 分钟(图 5-2-19)。

(3) 另取煎锅放入油，加入大蒜煎至金黄，放入圣女果略煎，添加少许高汤，再加上土豆块、胡萝卜块，烧 5 分钟，倒入锅中的羊肉上(图 5-2-20)。

图 5-2-19

图 5-2-20

(4) 把锅内原料混合均匀，再炖 10 分钟，加入盐、胡椒粉调味，装盘装饰即可(图 5-2-21)。

图 5-2-21

❺ 注意事项　羊肉需要煎至上色后加入锅中小火慢炖，才可以使羊肉肉烂汁香。

(二) 咖喱羊肉的制作

❶ 目的　熟悉和掌握咖喱羊肉的制作方法和流程。

❷ 原料　羊肩肉 200 g、咖喱粉 10 g、褐色高汤 500 mL、干白葡萄酒 50 mL、洋葱碎 50 g、大蒜碎 30 g、椰奶 10 g、葡萄干 10 g、苹果片 30 g、面粉 30 g、盐适量、胡椒粉适量等(图 5-2-22)。

图 5-2-22

❸ **用具** 砧板、厨刀、煎锅等。

❹ **操作步骤**

(1) 羊肩肉切块,用盐、胡椒粉、干白葡萄酒腌制。

(2) 羊肉块放入锅中煎至四面结壳上色,再放入洋葱碎、大蒜碎炒香出味,加入咖喱粉、面粉炒透(图 5-2-23)。

(3) 加入褐色高汤,搅拌均匀,煮沸,撇沫、调味,再加入苹果片、椰奶、葡萄干,小火烧至成熟(图 5-2-24)。

图 5-2-23

图 5-2-24

(4) 羊肉捞出,汤汁过滤;再重新放入羊肉,用盐、胡椒粉调味,盛入盘中,放上配菜即可(图 5-2-25)。

图 5-2-25

❺ **注意事项** 小火炒制咖喱粉,防止炒煳。

任务三　猪肉的烹调

任务目标

1. 熟悉猪肉烹调前的准备。
2. 熟悉猪肉的快速烹调法。
3. 熟悉猪肉的慢火烹调法。

任务实施

一、猪肉烹调前的准备

（一）里脊肉的制备

❶ **目的**　熟悉和掌握里脊肉的制作方法和流程。

❷ **原料**　猪里脊肉。

❸ **用具**　砧板、厨刀等。

❹ **操作步骤**

（1）小心去掉里脊肉上的脂肪和筋膜（图 5-3-1）。

（2）用刀贴紧筋腱下面的里脊肉，下刀切除筋腱（图 5-3-2）。

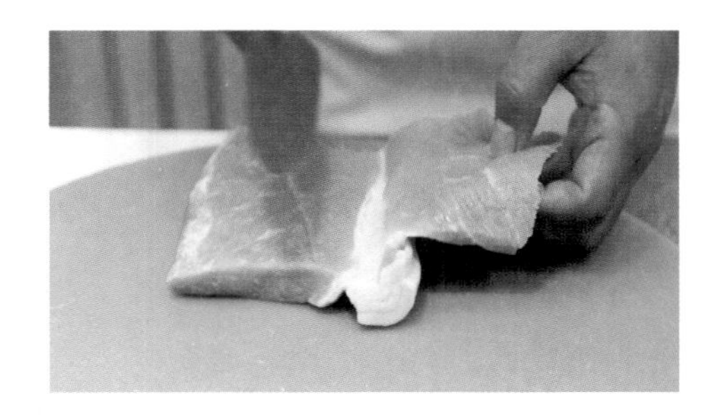

图 5-3-1

图 5-3-2

（3）用刀把里脊肉切成烹调需要的厚片即可。

❺ **注意事项**　里脊上面的筋膜不易成熟，烹调前必须去除。

（二）酿馅里脊的制备

❶ **目的**　熟悉和掌握酿馅里脊的制作方法和流程。

❷ **原料**　大块里脊肉。

❸ **用具**　砧板、厨刀等。

❹ **操作步骤**

（1）将大块里脊肉片成 2 cm 的厚片（图 5-3-3）。

图 5-3-3

（2）在里脊片的一侧用厨刀平切一刀，形成一个较深的口袋状（图 5-3-4、图 5-3-5）。

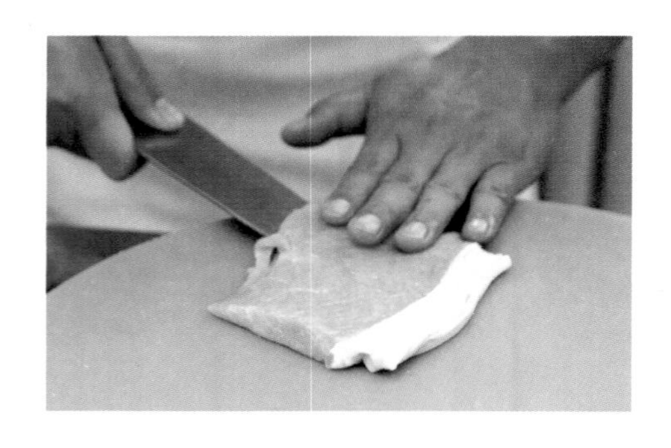

图 5-3-4

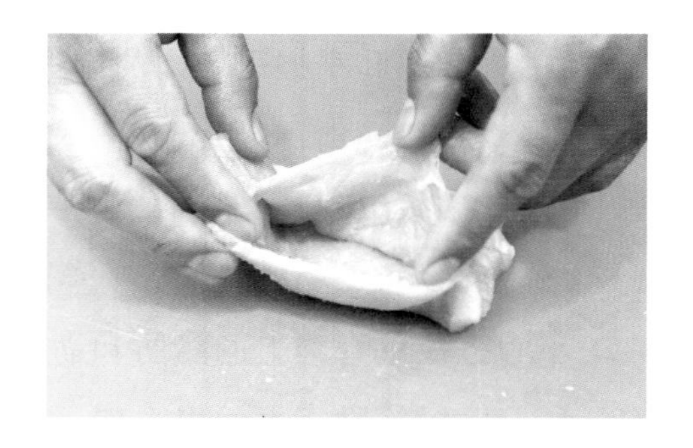

图 5-3-5

（3）把准备好的馅料放入口袋中，并用刀背压紧封口备用（图 5-3-6）。

图 5-3-6

❺ **注意事项**　烹调时内部的馅料可以使猪排风味更佳。

二、猪肉的快速烹调法

（一）米兰式炸猪排的制作

视频：米兰式炸猪排的制作

❶ **目的**　熟悉和掌握米兰式炸猪排的制作方法和流程。

❷ **原料**　猪排 1 块、面包粉 50 g、奶酪粉 25 g、鸡蛋 1 个、面粉 25 g、干白葡萄酒 50 mL、盐适量、胡椒粉适量等(图 5-3-7)。

❸ **用具**　煎锅、砧板、厨刀等。

❹ **操作步骤**

(1) 猪排撒上盐、胡椒粉、干白葡萄酒腌制备用(图 5-3-8)。

图 5-3-7

图 5-3-8

(2) 猪排蘸上面粉，挂上蛋液，再裹上面包粉与奶酪粉混合物，压实(图 5-3-9)。

(3) 放入油锅中，炸制成金黄色，捞出备用(图 5-3-10)。

图 5-3-9

图 5-3-10

(4) 将猪排放入盘中，装饰配菜即可(图 5-3-11)。

图 5-3-11

⑤ **注意事项** 猪排上需要点切几刀，防止炸制时猪排卷曲、变形。

（二）炸蓝带猪排的制作

视频：炸蓝带猪排的制作

① **目的** 熟悉和掌握炸蓝带猪排的制作方法和流程。

② **原料** 猪里脊肉 200 g、奶酪片 50 g、火腿 50 g、面包粉 100 g、鸡蛋 2 个、面粉 25 g、盐适量、胡椒粉适量。

③ **用具** 煎锅、砧板、厨刀等。

④ **操作步骤**

（1）将猪里脊肉片大片，从一侧将其片成口袋状（图 5-3-12、图 5-3-13）。

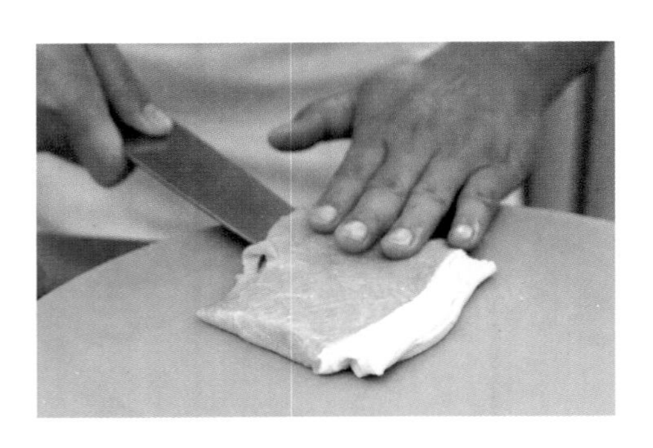

图 5-3-12

图 5-3-13

（2）火腿切成薄片，两片奶酪夹一片火腿片，放入猪排的口袋内（图 5-3-14、图 5-3-15）。

图 5-3-14

图 5-3-15

（3）猪排撒上盐、胡椒粉调味，蘸上一层面粉，挂上蛋液，再蘸上面包粉（图 5-3-16、图 5-3-17）。

图 5-3-16

图 5-3-17

(4) 将猪排炸制成金黄色，捞出装盘即可(图 5-3-18、图 5-3-19)。

图 5-3-18

图 5-3-19

❺ **注意事项**　猪排口袋的开口部需要用刀压一下，防止奶酪流出。

三、猪肉的慢火烹调法

(一) 奶酪焗猪排的制作

视频：奶酪焗猪排的制作

❶ **目的**　熟悉和掌握奶酪焗猪排的制备方法和流程。

❷ **原料**　猪里脊肉 200 g、奶酪 50 g、番茄 100 g、洋葱碎 50 g、蒜碎 30 g、干红葡萄酒 100 g、黄油 100 g、辣酱油适量、罗勒适量、盐适量、胡椒粉适量。

❸ **用具**　煎锅、砧板、厨刀等。

❹ **操作步骤**

(1) 将猪里脊肉片大片，撒上盐、胡椒粉、干红葡萄酒腌制，奶酪切薄片，番茄切丁(图 5-3-20、图 5-3-21)。

图 5-3-20

图 5-3-21

(2) 用黄油将洋葱碎、蒜碎炒香，放入番茄丁，再加入干红葡萄酒、辣酱油、罗勒、盐、胡椒粉炒透，制成酱汁(图 5-3-22、图 5-3-23)。

(3) 将猪排煎上色，上面码上奶酪片，放入烤箱内，焗至奶酪熔化上色(图 5-3-24)。

(4) 将酱汁倒在盘底，放上猪排，装饰即可(图 5-3-25)。

❺ **注意事项**　猪排煎制时需要煎至八成熟，以防止焗时猪排干柴。

图 5-3-22

图 5-3-23

图 5-3-24

图 5-3-25

视频:苹果烩猪排的制作

（二）苹果烩猪排的制作

❶ 目的 熟悉和掌握苹果烩猪排的制备方法和流程。

❷ 原料 猪排 200 g、苹果 2 个、火龙果汁 50 mL、苹果酱 50 g、蜂蜜 25 g、基础汤 500 mL、香叶适量、百里香适量、洋葱碎 50 g、黄油 50 g、面粉适量、盐适量、胡椒粉适量。

❸ 用具 砧板、厨刀、煎锅等。

❹ 操作步骤

(1) 猪排撒上盐、胡椒粉腌制入味，苹果去皮去核切角备用(图 5-3-26)。

(2) 猪排蘸面粉煎至两面上色(图 5-3-27)。

图 5-3-26

图 5-3-27

(3) 锅内放入黄油加热，放入洋葱碎炒软，加入猪基础汤、果酱、火龙果汁、苹果角、香叶、百里香，加入猪排，小火微沸，烩制 15 分钟至猪排成熟(图 5-3-28)。

(4) 将猪排、苹果取出，原汁大火浓缩，制成酱汁，再把猪排、苹果角放入盘中，浇上酱汁即可(图 5-3-29)。

图 5-3-28

图 5-3-29

⑤ **注意事项**　烩制猪排时需要小火微沸，否则猪排难以入味。

鱼类与贝类海鲜

项目导读

现代冷链技术的应用,使人们可以一年四季品尝到美味的水产品。对于厨师而言了解水产品的知识比了解禽畜肉类更加复杂,因为水产品品种更加丰富,而且每一个品种都具有特色,且具有自己相应的烹饪要求。对于水产品我们主要了解鱼类和贝类两个大类,鱼类的主要特征是有鱼鳍和体内有骨架,而贝类则是具有外部有壳和体内无骨架的特征。对于鱼类和贝类的烹调应该与禽畜肉类有所区别,禽畜肉类主要是如何使其肉质更加嫩化,而鱼类和贝类则是肉质本身就很嫩,烹调主要是如何防止其变老变干。本项目主要是教会大家如何把鱼类和贝类制作到恰到好处,如何保持其内的水分和嫩度,如何保持和增加其内在的鲜味。

项目目标

学完项目六我们将可以达到以下目标:

1. 了解圆形鱼与扁平鱼的处理和切片。
2. 了解贝类的品种,包括其特征、处理方法等。
3. 能够用炸制的方法来烹制鱼类、虾蟹类和贝类。
4. 能够用酒来烹制鱼类、虾蟹类和贝类。
5. 能够用各种混合调制的方法来烹制鱼类、虾蟹类和贝类。

任务一 鱼类的烹调

任务目标

1. 熟悉不同鱼类的制备方法。
2. 掌握不同鱼类的烹调方法。

任务实施

视频:整条圆形鱼的制备

一、整条圆形鱼的制备

（一）目的

熟悉和掌握整条圆形鱼的制备方法。

（二）原料

圆形鱼——鲈鱼。

（三）用具

砧板、厨刀、剪刀、鱼刀等。

（四）操作步骤

1 修剪鱼鳍、刮鱼鳞和去内脏

（1）用剪刀剪去胸鳍、腹鳍、尾鳍、背鳍等（图 6-1-1）。

（2）用剪刀把鱼尾剪成“V”字形（图 6-1-2）。

图 6-1-1

图 6-1-2

（3）用刀背刮去鱼鳞，并洗净（图 6-1-3）。

图 6-1-3

(4) 用剪刀从腹部肛门处向前至鱼鳃处剪开刀口，取出内脏，冲洗干净(图 6-1-4、图 6-1-5)。

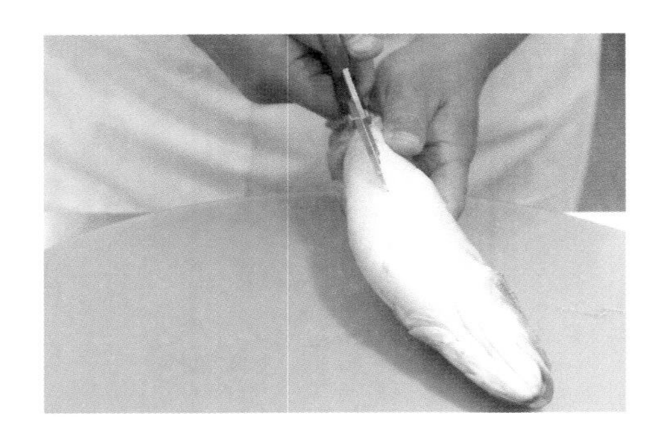

图 6-1-4

图 6-1-5

❷ 取鱼肉

(1) 在鱼尾处竖切一刀至脊柱处，并沿脊柱平行推向前方至鱼头部，再竖切一刀切下整片鱼肉(图 6-1-6、图 6-1-7)。

图 6-1-6

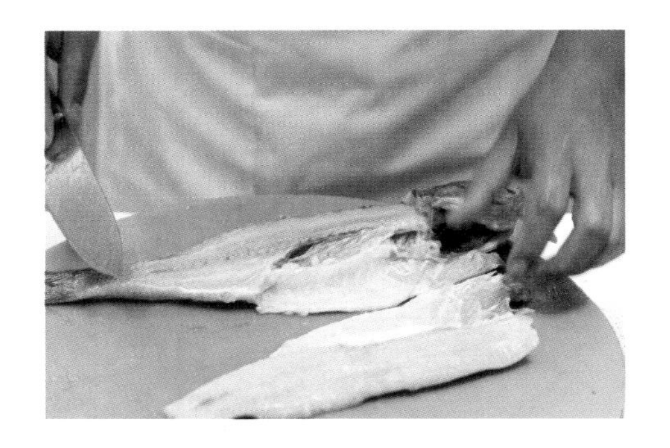

图 6-1-7

(2) 同样的方法再片出另一片鱼肉。

(3) 用刀沿鱼胸刺，片下整个胸刺即可(图 6-1-8)。

图 6-1-8

(五) 注意事项

圆形鱼去内脏亦可以从鱼鳃处取出，适宜酿制类菜肴。

二、整条扁平鱼的制备

(一) 目的

熟悉和掌握整条扁平鱼的制备方法。

(二) 原料

扁平鱼——多宝鱼。

(三) 用具

砧板、厨刀、剪刀、鱼刀等。

(四) 操作步骤

❶ 修剪鱼鳍、刮鱼鳞

(1) 剪刀剪去胸鳍、腹鳍、尾鳍、背鳍等(图 6-1-9)。

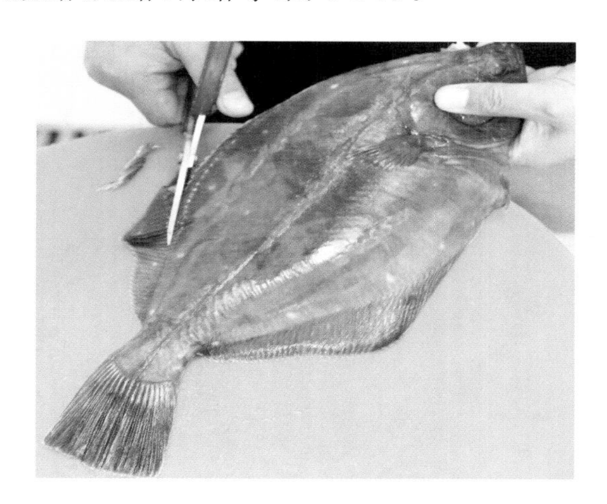

图 6-1-9

(2) 用剪刀把鱼尾剪成"V"字形(图 6-1-10、图 6-1-11)。

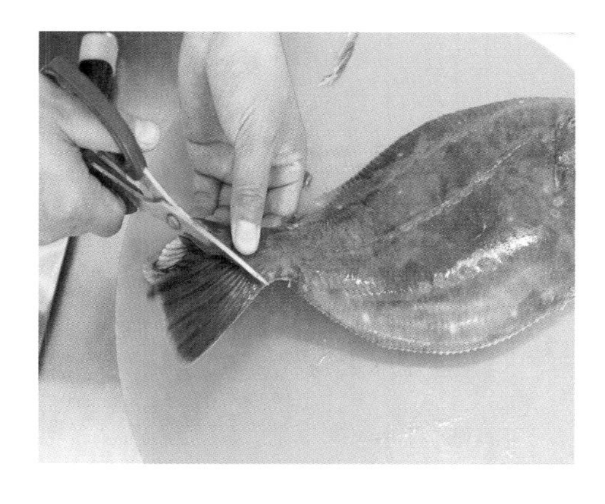

图 6-1-10

图 6-1-11

(3) 用刀背刮去鱼鳞,并洗净。

❷ 取鱼肉

(1) 沿鱼中间线，从鱼鳃处划一刀至鱼尾处，再沿鱼鳍和鱼肉连接处，用刀切下整片鱼肉（图 6-1-12、图 6-1-13、图 6-1-14）。

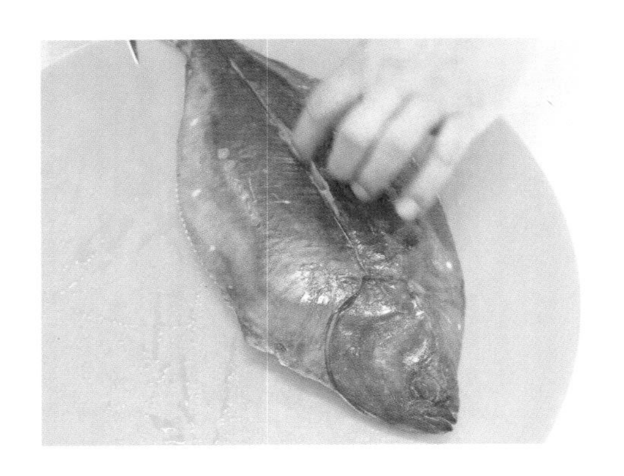

图 6-1-12

图 6-1-13

(2) 同样的方法再片出另一片鱼肉（图 6-1-15）。

图 6-1-14

图 6-1-15

(3) 用刀沿鱼胸刺，片下整个胸刺即可。

(五) 注意事项

为保持鱼形完整，通常从鱼鳃除去内脏。

三、鱼片的制备

(一) 目的

熟悉和掌握鱼片和鱼盒的制备方法。

(二) 原料

圆形鱼。

(三) 用具

砧板、厨刀、剪刀、鱼刀等。

（四）操作步骤

❶ **鱼片**　使用鱼刀斜片出大片的鱼肉即可(图 6-1-16)。

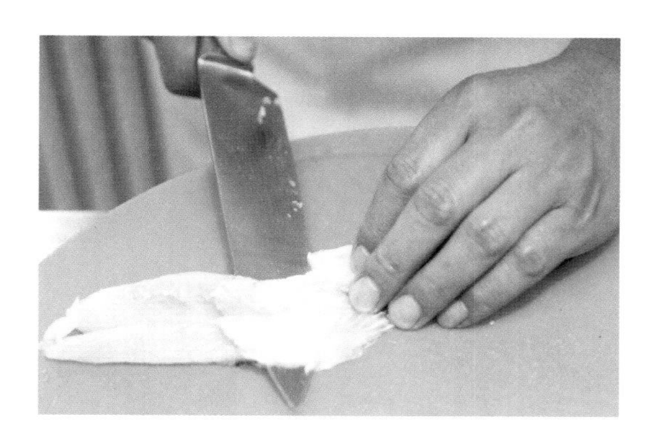

图 6-1-16

❷ **鱼盒**　使用大片的鱼肉，裹上馅料，用葱叶捆扎成盒状(图 6-1-17、图 6-1-18)。

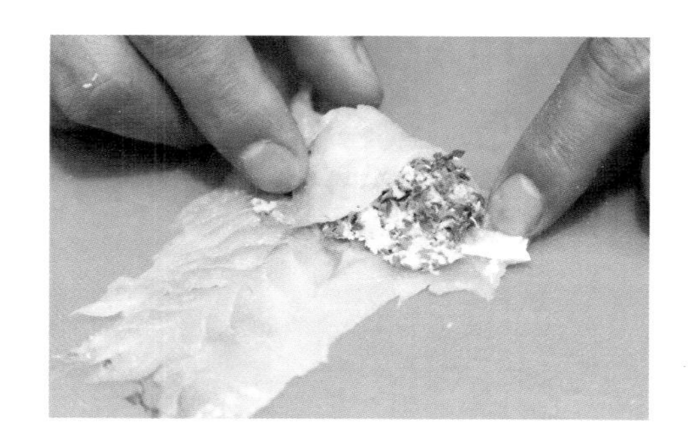

图 6-1-17

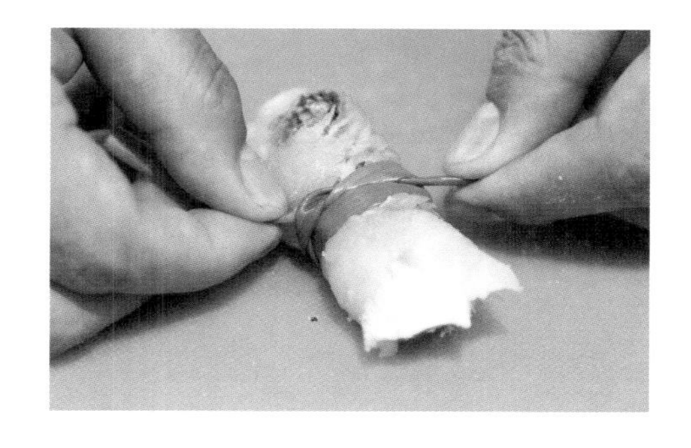

图 6-1-18

（五）注意事项

鱼排要求切厚片，薄片易碎。

四、鱼类菜肴的制作

（一）啤酒面糊炸鱼柳的制作

❶ **目的**　熟悉和掌握啤酒面糊炸鱼柳的制备方法。

❷ **原料**　鱼柳 500 g、面粉 200 g、啤酒 250 mL、椰奶 50 mL、干白葡萄酒、魔鬼少司 100 mL、柠檬汁适量、盐适量、胡椒粉适量。部分原料经加工处理，如图 6-1-19 所示。

❸ **用具**　砧板、厨刀、煎锅、木铲等。

❹ **操作步骤**

(1) 将面粉、啤酒、椰奶混合成面糊(图 6-1-20)。

(2) 鱼柳切条，用干白葡萄酒、柠檬汁、盐、胡椒粉腌制，冷藏备用(图 6-1-21)。

(3) 鱼条蘸面粉，挂上面糊，放入 160 ℃油锅中炸制上色(图 6-1-22、图 6-1-23)。

(4) 捞出控油，放入盘中配魔鬼少司即可(图 6-1-24)。

图 6-1-19

图 6-1-20

图 6-1-21

图 6-1-22

图 6-1-23

图 6-1-24

⑤ 注意事项 啤酒面糊需要稀稠适宜，否则挂不上糊。

（二）黄油柠檬汁煎鱼柳的制作

❶ 目的 熟悉和掌握黄油柠檬汁煎鱼柳的制备方法。

❷ 原料 净鱼肉 500 g、黄油 50 g、干白葡萄酒 100 mL、鱼高汤 200 mL、柠檬汁 50 mL、番茄碎 50 g、香叶适量、百里香适量、盐适量、胡椒粉适量、面粉适量（图 6-1-25）。

❸ 用具 砧板、厨刀、煎锅、木铲等。

❹ 操作步骤

（1）鱼柳切片，用干白葡萄酒、柠檬汁、盐、胡椒粉腌制，冷藏备用（图 6-1-26）。

（2）鱼柳片蘸上面粉，放入锅内慢慢煎熟，保温备用（图 6-1-27、图 6-1-28）。

（3）将干白葡萄酒、柠檬汁、鱼高汤倒入锅内，浓缩，再加入黄油搅匀，加入番茄碎、盐、

图 6-1-25

图 6-1-26

图 6-1-27

图 6-1-28

胡椒粉调味，制成少司（图 6-1-29）。

（4）将少司浇入盘内，放上鱼片，装饰即可（图 6-1-30）。

图 6-1-29

图 6-1-30

⑤ 注意事项　鱼柳煎制时不可随意翻动，否则易碎。

任务二　虾蟹类海鲜的烹调

任务目标

1. 熟悉不同虾蟹类海鲜的制备方法。

2. 掌握不同虾蟹类海鲜的烹调方法。

任务实施

一、螃蟹的烹制

(一)咖喱螃蟹的制作

❶ **目的** 熟悉和掌握咖喱螃蟹的制备方法和流程。

❷ **原料** 螃蟹2只、红葱50 g、姜片10 g、大蒜碎20 g、红辣椒20 g、柠檬皮10 g、蚝油30 g、咖喱粉100 g、椰奶50 g、辣椒酱10 g、鱼露10 g、蟹高汤500 mL、鸡蛋50 g、盐适量、胡椒粉适量(图6-2-1)。

❸ **用具** 砧板、厨刀、煎锅等。

❹ **操作步骤**

(1)螃蟹宰杀洗净,去壳,切块备用(图6-2-2)。

图6-2-1

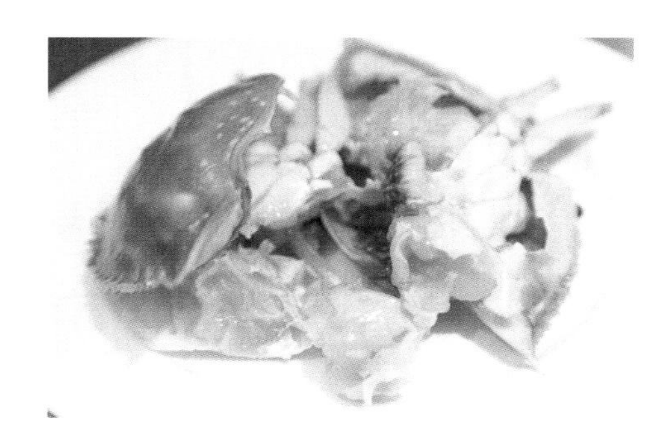

图6-2-2

(2)锅内加油,放入红葱、大蒜碎、姜片、红辣椒、柠檬皮炒香,加入咖喱粉、蟹块炒匀(图6-2-3)。

图6-2-3

(3)倒入椰奶和蟹高汤煮沸,加入蚝油、辣椒酱、鱼露煮出味道,加入鸡蛋液后收汁搅匀(图6-2-4、图6-2-5)。

(4)盛入盘中装饰即可(图6-2-6)。

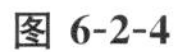

图 6-2-4

图 6-2-5

图 6-2-6

⑤ **注意事项**　加入蛋液应注意温度的控制，蛋液在锅中呈豆花状即可。

（二）香煎蟹肉饼的制作

❶ **目的**　熟悉和掌握香煎蟹肉饼的制备方法和流程。

❷ **原料**　蟹肉 100 g、洋葱碎 20 g、胡萝卜碎 20 g、西芹碎 20 g、鸡蛋液 50 g、椰丝 50 g、柠檬汁 20 g、法香 5 g、番茄酱 20 g、盐适量、胡椒粉适量、面粉适量等（图 6-2-7）。

图 6-2-7

❸ **用具**　砧板、厨刀、煎锅等。

❹ **操作步骤**

（1）蟹肉切成小粒，蔬菜切碎。

（2）将蟹肉、洋葱碎、西芹碎、胡萝卜碎、柠檬汁、盐、胡椒粉搅拌均匀，制成蟹饼（图 6-2-8、图 6-2-9）。

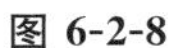
图 6-2-8

图 6-2-9

(3) 将蟹饼蘸上面粉，裹上蛋液，再蘸上椰丝备用(图 6-2-10)。

(4) 起锅加油，将蟹饼煎至两面金黄，捞出备用，取出装盘，装饰即可(图 6-2-11)。

图 6-2-10

图 6-2-11

⑤ 注意事项 煎制时应用小火，防止煎成黑焦色。

二、大虾的烹制

(一) 炸吉列虾排的制作

❶ 目的 熟悉和掌握炸吉列虾排的制备方法和流程。

❷ 原料 大虾 4 只、面粉 50 g、椰丝 50 g、鸡蛋液 50 g、香草蛋黄酱 50 g、干白葡萄酒 50 mL、盐适量、胡椒粉适量。部分原料经加工处理，如图 6-2-12 所示。

❸ 用具 砧板、厨刀、煎锅等。

❹ 操作步骤

(1) 大虾去壳、虾头、留尾，由背部开成两片，用刀背轻轻锤砸(图 6-2-13)。

图 6-2-12

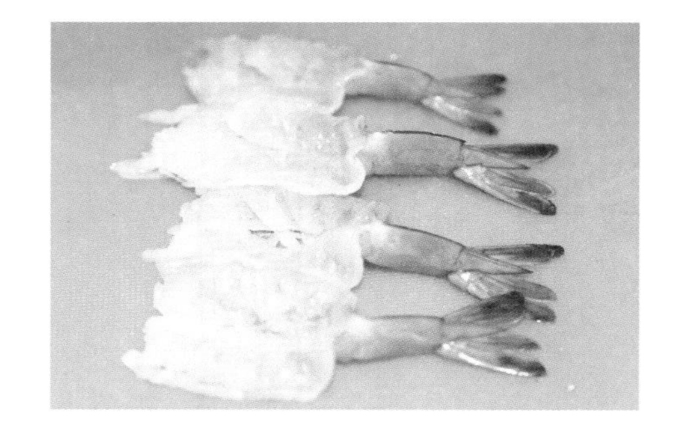

图 6-2-13

(2) 加入盐、胡椒粉、干白葡萄酒腌制(图 6-2-14)。

(3) 虾片蘸干水分,拍上面粉,裹上鸡蛋液,蘸上椰丝(图 6-2-15)。

图 6-2-14

图 6-2-15

(4) 把虾排放入 160 ℃油锅中炸制成金黄色,捞出控油(图 6-2-16)。

(5) 装盘配香草蛋黄酱,装饰即可(图 6-2-17)。

图 6-2-16

图 6-2-17

⑤ 注意事项 加工虾排时注意锤砸,防止炸时弯曲变形。

(二) 炸奶油虾球的制作

❶ 目的 熟悉和掌握炸奶油虾球的制备方法和流程。

❷ 原料 净虾肉 100 g、稠奶油少司 200 g、椰丝 50 g、面粉 40 g、蛋液 50 g、干白葡萄酒 50 mL、番茄酱 30 g、薯条 30 g、柠檬片 2 片、盐适量、胡椒粉适量。部分原料经加工处理,如图 6-2-18 所示。

❸ 用具 砧板、厨刀、煎锅等。

❹ 操作步骤

(1) 虾仁切小丁,加入盐、胡椒粉、干白葡萄酒腌制(图 6-2-19、图 6-2-20)。

(2) 把腌制好的虾仁丁与稠奶油少司、适量椰丝搅拌均匀(图 6-2-21)。

(3) 将调好的虾馅挤成球形,蘸上面粉、裹上蛋液、蘸上椰丝备用(图 6-2-22、图 6-2-23)。

(4) 放入 160 ℃的油锅中炸制金黄,捞出控油备用(图 6-2-24)。

(5) 放入盘中,配上番茄酱,装饰即可(图 6-2-25)。

图 6-2-18

图 6-2-19

图 6-2-20

图 6-2-21

图 6-2-22

图 6-2-23

图 6-2-24

图 6-2-25

⑤ 注意事项 奶油少司的稠度要大，呈膏状，不沾手。

任务三　贝壳类海鲜的烹调

任务目标

1. 熟悉不同贝壳类海鲜的制备方法。
2. 熟悉不同贝壳类海鲜的烹调方法。

任务实施

一、扇贝的烹制

（一）酒香扇贝的制作

视频：酒香扇贝的制作

❶ **目的**　熟悉掌握酒香扇贝的制备方法。

❷ **原料**　新鲜扇贝 200 g、蒜蓉 30 g、洋葱末 50 g、香芹末 20 g、干白葡萄酒 200 mL、黄油 50 g、盐适量、胡椒粉适量。原料经加工处理，如图 6-3-1 所示。

❸ **用具**　炒锅、厚底汤锅、细滤网等。

❹ **操作步骤**

(1) 在厚底汤锅内放入黄油加热，煸炒洋葱末、蒜蓉炒出香味(图 6-3-2)。

图 6-3-1

图 6-3-2

(2) 加入白葡萄酒、香芹末烧开，加入扇贝，盖上锅盖，煮 5 分钟，捞出扇贝，控出煮汁过滤，将汁液倒回锅中，烧开收汁，加入盐、胡椒粉调味(图 6-3-3)。

(3) 把汤汁淋在扇贝上，点缀香芹末即可食用(图 6-3-4)。

❺ **注意事项**　扇贝应鲜活时食用，需要放入淡盐水中保存。

图 6-3-3

图 6-3-4

视频:大蒜香草酱焗扇贝的制作

（二）大蒜香草酱焗扇贝的制作

❶ **目的** 熟悉并掌握大蒜香草酱焗扇贝的制备方法。

❷ **原料** 扇贝 200 g、蒜蓉 50 g、香草酱 60 g、淡奶油 30 g、芝士 50 g、柠檬汁 20 g、黄油 50 g、盐适量、胡椒粉适量(图 6-3-5)。

❸ **用具** 炒锅、厚底汤锅、细滤网、烤箱等。

❹ **操作步骤**

(1) 锅内放入黄油加热，将蒜蓉炒香(图 6-3-6)。

图 6-3-5

图 6-3-6

(2) 加入香草酱、淡奶油，烧开(图 6-3-7)。

(3) 加入芝士、盐、胡椒粉调味备用(图 6-3-8)。

图 6-3-7

图 6-3-8

（4）扇贝洗净，滴入柠檬汁，淋上香草酱，放入 200 ℃的烤箱中烤制 10 分钟，表皮呈棕红色即可（图 6-3-9、图 6-3-10）。

图 6-3-9

图 6-3-10

⑤ **注意事项**　注意焗烤扇贝的时间和温度的控制。

二、牡蛎的烹制

视频：炸牡蛎的制作

（一）炸牡蛎的制作

图 6-3-11

❶ **目的**　熟悉并掌握炸牡蛎的制备方法。

❷ **原料**　鲜牡蛎 5 个、椰浆 1 瓶、脆炸粉 50 g、玉米淀粉 20 g、辣椒粉 5 g、沙拉酱 50 g 等（图 6-3-11）。

❸ **用具**　炸锅、细网漏等。

❹ **操作步骤**

（1）开牡蛎取肉、留壳（图 6-3-12）。

（2）把脆炸粉、辣椒粉、椰浆、玉米淀粉调和成符合脆炸糊（图 6-3-13）。

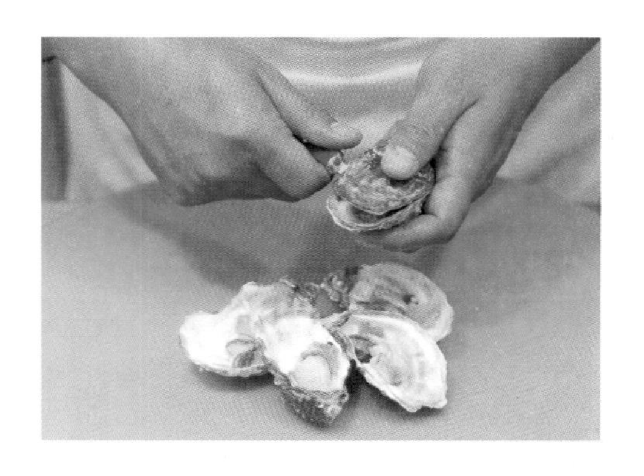

图 6-3-12

图 6-3-13

（3）将牡蛎拍上干玉米淀粉，再放入脆炸糊中挂糊，放入热油中炸至表皮金黄，捞出配沙拉酱蘸食即可（图 6-3-14、图 6-3-15）。

⑤ **注意事项**　牡蛎多生食，配青柠檬滋味更佳。

图 6-3-14

图 6-3-15

（二）培根焗牡蛎的制作

❶ **目的** 熟悉并掌握培根焗牡蛎的制备方法。

❷ **原料** 牡蛎 4 只、荷兰汁 100 g、培根丝 50 g、洋葱丝 30 g、西芹丝 30 g、胡萝卜丝 30 g、香叶适量、盐适量、胡椒粉适量、黄油 50 g 等（图 6-3-16）。

❸ **用具** 砧板、厨刀、烤箱、煎锅、细网漏等。

❹ **操作步骤**

（1）锅内放入黄油加热，加入培根丝炒香，再放入洋葱丝、西芹丝、胡萝卜丝，炒香（图 6-3-17）。

图 6-3-16

图 6-3-17

（2）牡蛎烫熟备用（图 6-3-18）。

（3）把炒好的丝放入牡蛎壳内，再放上牡蛎肉，淋上荷兰汁（图 6-3-19）。

图 6-3-18

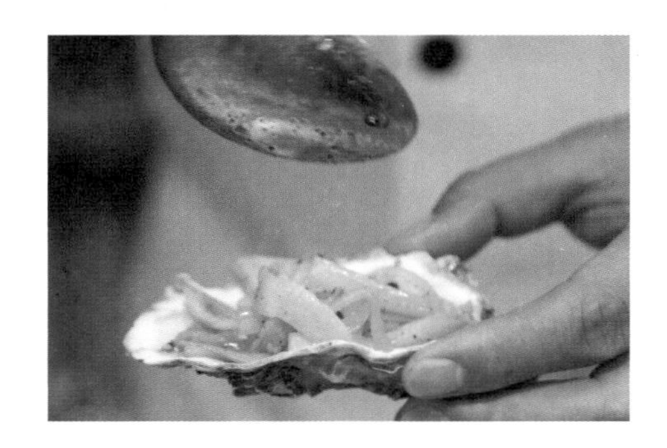

图 6-3-19

(4) 放入 200 ℃的烤箱中，烤制上色即可(图 6-3-20)。

图 6-3-20

❺ **注意事项**　注意控制焗制的温度。

项目七

豆类、谷类及意大利面

项目导读

豆类、谷类及面食类食物，我们统称为淀粉类食物，是人们日常生活饮食中碳水化合物的主要来源，科学的实验证明充足的碳水化合物可以有效防止肉类蛋白质的生酮作用，可以有效防止人体因摄入过量的肉类而出现的酮中毒现象。我们应该重视起来，用更多的精力去研究淀粉类食物。本项目着重关注豆类、谷类及意大利面的烹调。

项目目标

学完项目七我们将可以达到以下目标：

1. 能够用蒸、煮的方式来烹制各种豆类，并制作豆泥及其制品。
2. 能够用蒸、煮的方式来烹制马铃薯，并制作土豆泥及其制品。
3. 能够用煮、蒸、烤及做肉米饭和调味饭的方法来烹制大米。
4. 能够制作新鲜和经济的面食。

任务一 豆类的烹调

任务目标

1. 熟悉豆类的种类与特点。
2. 熟悉各种不同豆类品种的制备与烹调。

任务实施

一、豆泥的制备

（一）目的

熟悉掌握豆类豆泥的制备方法。

（二）原料

鹰嘴豆 200 g、大蒜 50 g、橄榄油 50 mL、柠檬汁 50 mL、盐适量、胡椒粉适量、干辣椒粉适量。原料经加工处理，如图 7-1-1 所示。

（三）用具

大碗、刮刀、料理机等。

（四）操作步骤

（1）浸泡并煮好的鹰嘴豆，控净水，放入料理机中，加入少许煮豆水，快速搅成泥，加入大蒜末、盐。

（2）在搅拌过程中加入橄榄油、柠檬汁、干辣椒粉、胡椒粉调味，亦可加入少许热水搅匀即可(图 7-1-2)。

图 7-1-1

图 7-1-2

（五）注意事项

用橄榄油和大蒜调味的豆泥可以作为很多菜的配菜。

二、豆泥饼的制备

视频：豆泥饼的制备

（一）目的

熟悉掌握豆类豆泥饼的制备方法。

（二）原料

鹰嘴豆 100 g、干蚕豆 100 g、蒜蓉 20 g、洋葱末 50 g、香菜末 20 g、面粉 1 汤匙、小茴香粉

1 茶匙、多香果粉 1 茶匙、盐适量、胡椒粉适量、辣椒面适量、色拉油适量。部分原料经加工处理，如图 7-1-3 所示。

图 7-1-3

（三）用具

平底锅、大碗、刮刀、料理机等。

（四）操作步骤

（1）浸泡并煮好的鹰嘴豆，控净水，放入料理机中，加入少许煮豆水，快速搅成泥。

（2）把豆泥放入碗中，放入各种调味料，搅拌均匀（图 7-1-4、图 7-1-5）。

图 7-1-4

图 7-1-5

（3）用手做成直径 5 cm 的球状，并压成椭圆形，每个厚 2 cm 备用（图 7-1-6）。

图 7-1-6

(4) 将豆饼放入平底锅中煎制 3 分钟至金黄色，控油后即可食用(图 7-1-7、图 7-1-8)。

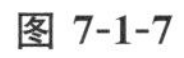

图 7-1-7

图 7-1-8

(五) 注意事项

豆泥能够和多种调味品相互搭配，是以色列的传统美食。

任务二 谷类的烹调

任务目标

1. 熟悉谷类的种类与特点。
2. 熟悉各种不同谷类品种的制备与烹调。

任务实施

一、米饭的制备

(一) 目的

熟悉、掌握米饭的不同制备方法。

(二) 原料

大米、水、盐、百里香、黄油。

(三) 用具

焖锅、细网漏、量筒、木铲等。

(四) 操作步骤

(1) 对于美国长米，可以先用开水煮软，过滤冲洗后，再烹制成熟；其他香米则直接烹制成熟。

(2) 炉灶煮饭法:大米冲洗干净,一份米两份半水,加入盐、百里香、黄油搅拌均匀,在炉火上小火煮制,盖紧锅盖,使米煮制成熟。

(3) 烤炉煮饭法:大米冲洗干净,一份米两份半水,加入盐、百里香、黄油搅拌均匀,在烤炉内烤制,盖紧锅盖,使米烤制成熟。

(4) 汽锅煮饭法:大米冲洗干净,一份米两份半水,加入盐、百里香、黄油搅拌均匀,放入蒸汽锅,盖紧锅盖,使米蒸制成熟。

(5) 肉饭法:等同于炖制方法,米饭先用黄油炒,然后在高汤中煮熟,主要是通过烤箱烤制,使汤被吸干,油米不沾黏,并使米饭有香气。

(五) 注意事项

烹制大米时注意不同种类的大米,其性质特点差异较大,成熟的时间需要做出调整。

二、肉饭的制备

视频:意大利海鲜烩饭的制作

(一) 意大利海鲜烩饭的制作

❶ 目的 熟悉掌握海鲜烩饭的制备方法。

❷ 原料 鲜贝 4 个、小鱿鱼 3 只、大虾仁 4 个、奶油白汁 200 mL、大米 100 g、橄榄油 50 mL、洋葱末 50 g、干白葡萄酒 50 mL、奶酪 50 g、海鲜高汤 250 mL、黄油 50 g 等。原料经加工处理,如图 7-2-1 所示。

❸ 用具 炒锅、厚底汤锅、细网漏、量筒、木铲等。

❹ 操作步骤

(1) 各种海鲜在海鲜汤中煮熟备用(图 7-2-2)。

图 7-2-1

图 7-2-2

(2) 在厚底汤锅内,将黄油加热,加入洋葱末炒软,加入大米炒 2 分钟,倒入海鲜高汤,烹入干白葡萄酒,加热 20 分钟(图 7-2-3)。

(3) 把奶油白汁和海鲜加入米饭中,小火收汁至浓稠,加入奶酪、盐、胡椒粉调味即可(图 7-2-4、图 7-2-5)。

❺ 注意事项 要成功制作出海鲜饭,需要把高汤慢慢煮进去,使大米保持饱满湿润。

图 7-2-3

图 7-2-4

图 7-2-5

（二）印度炒饭的制作

视频：印度炒饭的制作

❶ **目的**　熟悉掌握印度炒饭的制备方法。

❷ **原料**　长香米 100 g、洋葱丁 50 g、牛肉粒 100 g、绿豌豆粒 50 g、胡萝卜粒 50 g、丁香适量、肉桂适量、小豆蔻适量、香叶适量、孜然粒适量、黄油 50 g、牛高汤 250 mL、盐适量、胡椒粉适量。部分原料经加工处理，如图 7-2-6 所示。

❸ **用具**　炒锅、厚底汤锅、细网漏、量筒、木铲等。

❹ **操作步骤**

(1) 锅内放入黄油，加入牛肉粒煸炒，再加入洋葱丁、各种香料炒出香味，加入牛高汤，煮沸（图 7-2-7）。

(2) 放入浸泡过的大米，煮开撇去浮沫，盖上锅盖，煮制 25 分钟（图 7-2-8）。

(3) 逐渐收汁至锅内米饭出现孔洞，撒入盐、胡椒粉调味，并搅拌均匀盛出即可（图 7-2-9、图 7-2-10）。

❺ **注意事项**　印度炒饭需要突出米香与香料香味的融合统一，米成熟约九分，中间略有硬心。

图 7-2-6

图 7-2-7

图 7-2-8

图 7-2-9

图 7-2-10

任务三 意大利面的烹调

任务目标

1. 熟悉新鲜意大利面条的制备。

2. 熟悉意大利面烹调方法。

任务实施

视频：新鲜意大利面的制作

一、新鲜意大利面的制作

（一）目的

熟悉和掌握意大利面的制备方法。

（二）原料

高筋面粉 300 g，鸡蛋 3 个，盐适量，橄榄油适量，备用原料见图 7-3-1。

（三）用具

刮刀、面盆、小碗、细筛网、擀面杖、厨刀等。

（四）操作步骤

（1）把面粉放在案板上，用手做出一个大凹槽，加入鸡蛋、盐、橄榄油（图 7-3-2）。

图 7-3-1

图 7-3-2

（2）将面粉与蛋液混合，揉成团（图 7-3-3）。

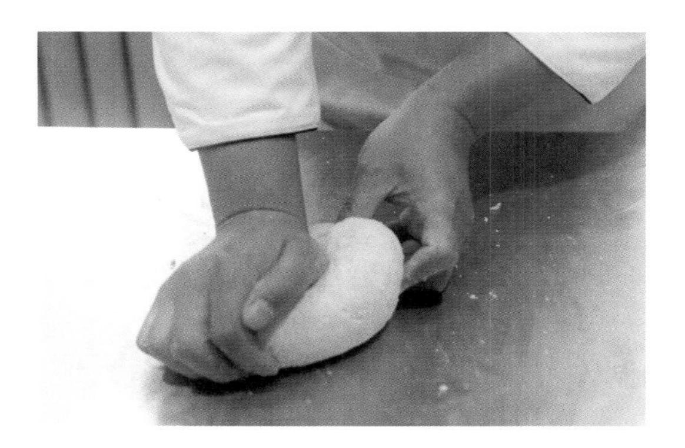

图 7-3-3

（3）揉制面团 10 分钟，至面团光滑有弹性，盖上盖子静置 1 小时，备用。

（4）将静置好的面团擀制成大片，擀至纸样薄时，放置在面棍上晾至 15 分钟，晾干备用（图 7-3-4、图 7-3-5）。

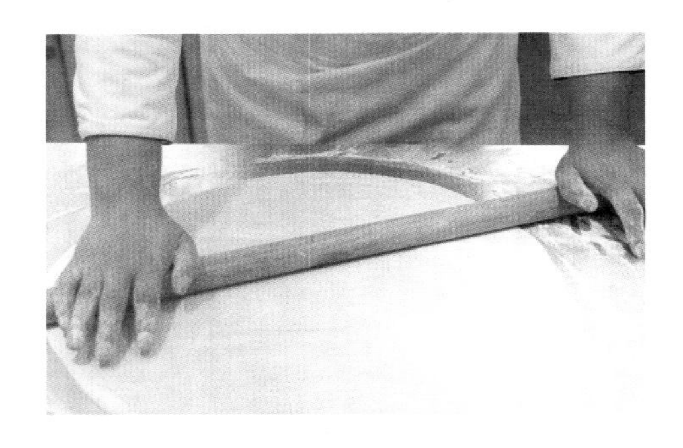

图 7-3-4

图 7-3-5

(5) 把晾干的面皮卷成圆筒，切成 1 cm 宽的条即可(图 7-3-6、图 7-3-7、图 7-3-8)。

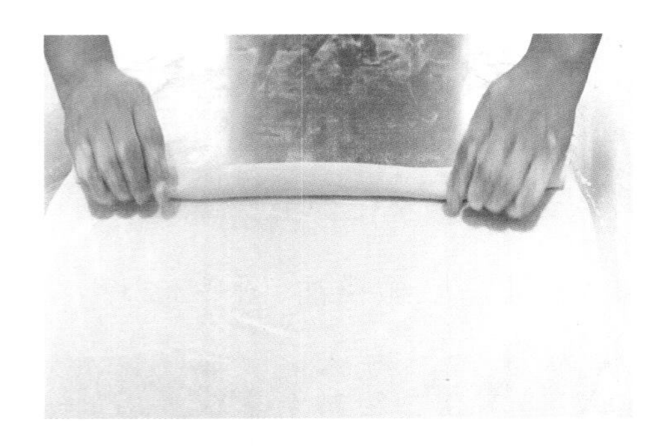

图 7-3-6

图 7-3-7

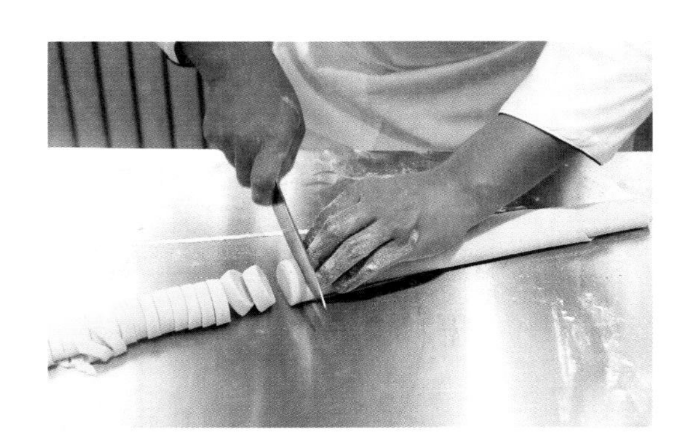

图 7-3-8

(五) 注意事项

新鲜意大利面可以手工制作，亦可以机器压制而成，可形成多种多样的面条品种。

视频：马铃薯面疙瘩的制作

二、马铃薯面疙瘩的制作

(一) 目的

熟悉和掌握马铃薯面疙瘩的制备方法。

(二) 原料

马铃薯 500 g、面粉 150 g、盐适量、胡椒粉适量。

（三）用具

面盆、刮刀、砧板、厨刀、汤锅、漏勺等。

（四）操作步骤

（1）把马铃薯煮熟，放冷后去皮（图 7-3-9）。

（2）把马铃薯放入面盆捣制成泥，加入面粉、盐、胡椒粉，搅拌均匀（图 7-3-10）。

图 7-3-9

图 7-3-10

（3）把马铃薯泥揉搓成团，搓成直径 2 cm 的条（图 7-3-11、图 7-3-12）。

图 7-3-11

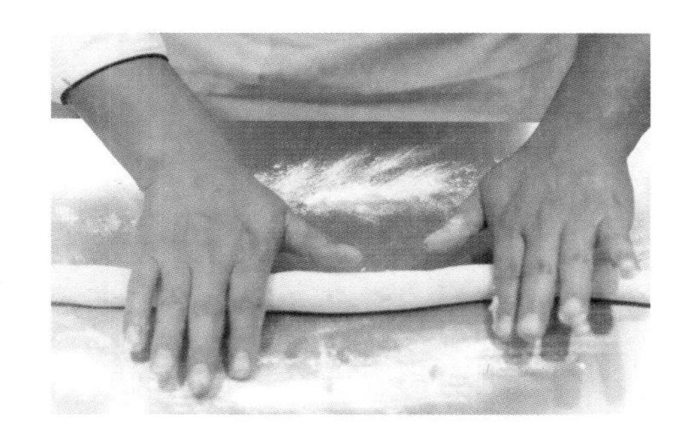

图 7-3-12

（4）用刀把条切成 3 cm 长的段，或用叉子标上花纹，备用（图 7-3-13、图 7-3-14）。

图 7-3-13

图 7-3-14

（5）把面疙瘩放入开水锅中，煮制 3 分钟，面疙瘩浮出水面，捞出，配奶酪和熔化的黄油趁热食用（图 7-3-15、图 7-3-16）。

图 7-3-15

图 7-3-16

（五）注意事项

马铃薯面疙瘩是西餐中的“小饺子”，马铃薯面疙瘩需要控制面团的软硬度。

视频：番茄汁肉酱意大利面的制作

三、番茄汁肉酱意大利面的制作

（一）目的

熟悉和掌握番茄汁的制作和肉酱意大利面的制备方法。

（二）原料

意大利面 100 g、牛肉 50 g、洋葱 40 g、胡萝卜 20 g、西芹 20 g、大蒜 4 瓣、番茄 2 个、牛高汤适量、番茄酱 30 g、香叶适量、百里香适量、干奶酪粉适量、黑胡椒适量、盐适量、红葡萄酒 50 mL、罗勒叶适量、色拉油适量。部分原料经加工处理，如图 7-3-17 所示。

（三）用具

砧板、厨刀、汤锅、漏勺、平底锅等。

（四）操作步骤

（1）胡萝卜、洋葱、番茄、西芹、大蒜切成碎丁；牛肉切末，加入盐、黑胡椒、百里香腌制备用。

（2）锅内放入色拉油加热，放入牛肉末，煸炒出水，收干汁水盛出备用（图 7-3-18）。

图 7-3-17

图 7-3-18

（3）锅内放油加入洋葱、胡萝卜、西芹、大蒜炒香，加入番茄酱，略出水分，调入红葡萄酒，再放入新鲜打碎的番茄和高汤，再加入炒好的牛肉，小火煮制 20 分钟，最后加入盐和黑胡椒粉调味(图 7-3-19、图 7-3-20)。

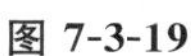

图 7-3-19

图 7-3-20

(4) 把煮熟的意大利面拌入肉酱，盛入盘中撒上干奶酪粉并装饰即可(图 7-3-21)。

图 7-3-21

(五) 注意事项

肉酱的口感细腻，肉香和番茄的酸味结合在一起，口感醇厚。

四、黑椒汁炒意大利面的制作

视频：黑椒汁炒意大利面的制作

(一) 目的

熟悉和掌握黑椒汁炒意大利面的制备方法。

(二) 原料

意大利面 100 g、牛肉丝 50 g、洋葱丝 50 g、青红椒丝各 30 g、黑胡椒碎 5 g、黑椒少司 50 g、蒜蓉 20 g、黄油 30 g、香叶适量、百里香适量、牛高汤适量、白葡萄酒适量、鲜味汁 10 g(图 7-3-22)。

(三) 用具

砧板、厨刀、汤锅、漏勺、平底锅等。

（四）操作步骤

(1) 牛肉丝加入黑胡椒粉、白葡萄酒盐腌制 20 分钟，黄油起锅，炒香牛肉丝，加入蒜蓉、洋葱丝、青红椒丝、黑胡椒碎，炒香(图 7-3-23)。

图 7-3-22

图 7-3-23

(2) 加入煮熟的意大利面，烹入鲜味汁，炒拌均匀(图 7-3-24)。

图 7-3-24

(3) 最后调入黑椒少司，加入盐、黑胡椒粉调味即可(图 7-3-25、图 7-3-26)。

图 7-3-25

图 7-3-26

（五）注意事项

牛肉丝需要先腌制入味再炒制，炒时要保持鲜嫩。

全国餐饮职业教育教学指导委员会重点课题“基于烹饪专业人才培养目标的中高职课程体系与教材开发研究”成果系列教材
餐饮职业教育创新技能型人才培养新形态一体化系列教材

中国烹饪概论	餐饮概论
中国饮食民俗	中国饮食文化
烹饪英语基础	烹饪英语
烹饪营养与配餐	食品营养与配餐
食品安全与操作规范	餐饮食品安全
烹饪原料知识	烹饪原料
烹调基本功	烹调工艺基础
餐饮成本核算	厨政管理实务
餐饮服务技能	餐饮服务与管理
食品雕刻与冷拼	菜点创新设计与实训（工作手册式）
中餐烹调技艺	宴会设计与管理实务
› 西餐制作	冷拼与盘饰技艺
中式面点制作	中式烹调工艺
西式面点制作	西餐工艺
	中式面点工艺
	西式面点工艺

1.本书正文中附有对应二维码　　2.扫码即可获取丰富的数字资源

■总策划：车　巍　■策划编辑：汪飒婷　■责任编辑：汪飒婷　■封面设计：廖亚萍

華中科技大學出版社
邮箱：nutrimedhustp@126.com

华 中 出 版

天猫旗舰店

ISBN 978-7-5680-7385-1
9 787568 073851 >
定价:39.80元